Rüdiger Opelt

2100

Die neue Welt

So retten wir die Zukunft

(Save a World)

Salzburg 2018

Impressum:
Dr. Rüdiger Opelt, Jakob Haringer Str. 6, 5020 Salzburg, Tel/Fax: 0043 662 87 53 61, **Saw** Partner
r@opelt.com, **www.opelt.com**

ISBN-13: **978-1984056382** (CreateSpace-Assigned)
ISBN-10: **1984056387**

Satz:	Michael Opelt /Schörfling/**Saw** partner
Lektorat:	Maximilian Rennmayer/Linz
Cover:	Monika Steiner/Lambach

Book by S.A.W. Edition; **sawedition@gmail.com**

Salzburg 2018

Franz Xaver Gruber

gewidmet

der mit seiner sanften Melodie

den Menschen neue Hoffnung gab

am 25.12.1818

Inhaltsverzeichnis

Einleitung: Hoffnung in dunkler Nacht

Vor 200 Jahren lag Europa am Boden. 25 Jahre lang hatten Napoleons Kriege den Kontinent verwüstet, von Hamburg bis Palermo, von Cadiz bis Moskau, von Abukir bis Trafalgar. Als die Waffen endlich schwiegen, verdunkelte ein Vulkanausbruch den Himmel. 1816 fiel die Ernte aus, zigtausende Menschen verhungerten. Es schien, als wäre das Ende der Welt gekommen.

In dem kleinen Ort Oberndorf bei Salzburg war es besonders schlimm. Die Menschen hatten ihre Heimat verloren, das freie Land Salzburg war zerstückelt und zu einer kleinen Provinz des Wiener Kaisers degradiert worden. Der Fluss Salzach, die Schlagader des Salzhandels, von dem die Oberndorfer Schifferfamilien lebten, war plötzlich eine Grenze, es gab keinen Zugang mehr zum fruchtbaren Rupertigau, der nun zu Bayern gehörte.

Am Tiefpunkt angekommen, sangen die Überlebenden in der Christmette 1818 eine sanfte Melodie, die für die Hoffnung stand, dass es auch wieder besser werden würde. Die Melodie breitete sich aus nach Tirol, nach Deutschland und Amerika. In den Schützengräben des 1. Weltkriegs sangen sie die totgeweihten Soldaten und schöpften daraus Hoffnung, dass das Leben weitergehen könnte. Heute singen es die Menschen auf der ganzen Welt in 400 Sprachen.

Das Lied kennt jeder: Stille Nacht, Heilige Nacht.

Seit 30 Jahren spaziere ich mit meinen Hunden durch den Wald zwischen Bürmoos und Arnsdorf. In Bürmoos steht mein Haus, in Arnsdorf die Volksschule, in der Franz Xaver Gruber unterrichtete und die Melodie von „Stille Nacht“ komponierte, die um die Welt ging und allen Menschen ein Symbol für den Frieden wurde. Ich lebe sozusagen in einer friedensschwangeren Gegend. Komponist Franz Gruber, Dichter Josef Mohr und die Salzburger des 19. Jhdt. versuchten, die Schrecken der Napoleonischen Kriege zu überwinden, die unsägliches Leid über Europa gebracht hatten. Das heutige Europa bemüht sich seit 70 Jahren, die Schrecken der Weltkriege hinter sich zu lassen und ist damit ein gutes Stück Weges vorangekommen.

Das Anliegen damals wie heute ist dasselbe: Es möge doch endlich Friede herrschen, damit die Welt und die Menschen gerettet werden. Hatten die Menschen damals nur die Kraft der Musik, um andere zu erreichen, so haben wir heute viel mehr Möglichkeiten, mit der Welt in Kontakt zu treten. Das sollte uns optimistisch stimmen.

Auf meinem Weihnachtsspaziergang am 25.12.2016 hatte ich eine Idee. Wenn vor 200 Jahren eine einfache Melodie ausreichte, um der Sehnsucht der Menschen Klang zu verleihen, könnten nicht heute viele solche Ideen rund um die Welt gehen, damit Friede auf Erden werde, Friede zwischen den Menschen und zwischen Mensch und Natur?

So wurde „Save a World“ geboren. Rette deine Welt!

Niemand allein kann die Welt retten. Aber wenn viele sich aufmachen und jeder seinen Bereich bewahrt, seine kleine Welt rettet, dann können die Millionen Stimmen derer, die guten Willens sind, zu einem Crescendo anschwellen, das noch auf der fernsten Insel, auf dem höchsten Berg, im verlassendsten Dorf und dem einsamsten Hochhaus gehört wird. Dann kann ein Ton entstehen, der rund um die Welt erzählt, dass die Welt gerettet werden kann.

Wenn wir es nur alle wollen.

Die Welt braucht neue Lösungen, um zu überleben. SAW ist als Ideenplattform für Fachleute und Querdenker gedacht, um zukunftsweisende Ideen zu generieren. Dabei ist Querdenken wichtig, denn bisher sind die Vorschläge der Fachleute zu vergangenheitsorientiert und zu pessimistisch. Wir müssen die Welt vom Ende her denken: Was brauchen wir im Jahr 2100? Welche Zukunft wollen wir aufbauen? Viele Experten sind durch

Institutionen und Regelwerke an vergangene Denkmuster gebunden und in ihrer Kreativität gebremst. Gute Ideen werden oft viel zu spät ausgesprochen und verbreitet.

Die Blockierung der Zukunft hat in Österreich gute Tradition: Als der Österreicher Peter Mitterhofer sich im Jahre 1866 nach Wien aufmachte, um die von ihm erfundene Schreibmaschine zu präsentieren, nahm der Kaiserhof dies huldvoll zur Kenntnis und ließ das seltsame Ding in einem Speicher verrotten. Jahre später ließen zwei Amerikaner die Schreibmaschine patentieren, brachten sie zur Serienreife und revolutionierten damit neben den Büros auch die militärische Logistik.

Ähnlich ging es den Erfindern des Panzers. Der erste Radpanzer wurde 1903 in Österreich gebaut und von Kaiser Franz Josef für unbrauchbar erklärt. 1911 konstruierte der Österreicher Gunther Burstyn den ersten Kampfpanzer mit Kettenantrieb und drehbarem Geschütz. Sein Plan verschwand in einer Schublade. Die ersten Panzer bauten dann England und Frankreich und entschieden damit den ersten Weltkrieg.

Das österreichische Kaiserreich ging nicht an mangelndem Erfindergeist zugrunde, denn die Intelligenz seiner Ingenieure hätte Österreich den technischen Vorsprung gesichert, den dann seine Feinde hatten. Ein riesiges Reich ging zugrunde, weil es nicht an den Fortschritt glaubte und seine Möglichkeiten leichtfertig verschenkte.

Solche Fehler können wir uns heute nicht mehr leisten. Es mangelt uns schlicht an Zeit. Wenn wir intelligente Lösungen aus Pessimismus blockieren, wie das der „gute alte Kaiser“ tat, dann überrollt uns der Klimawandel.

Ganz im Gegenteil müssen wir die knappe verbleibende Zeit nutzen, um jede nur mögliche Idee zu testen. Wenn manche verworfen werden, setzen sich dafür andere durch. Das ist wie bei einem Brainstorming. Jeder darf alles denken und aussprechen, bewertet wird erst am Schluss. Auf der Internetplattform SAW darf jede Idee gedacht und ausgesprochen werden. Als Autor recherchiere ich seit 25.12.2016 alle guten Nachrichten, die auf dem Buchmarkt und in den Medien zu finden sind. Liebe Leser, sie werden sehen, das sind gar nicht so wenige, und wenn sie alle umgesetzt werden, haben wir 2100 eine Welt, in der unsere Kinder gut leben können.

Die englische Abkürzung S.A.W. bedeutet Save a World, rette eine Welt. Rette deine kleine Welt, für die du verantwortlich bist. Wenn du deine unmittelbare Welt, dein Haus, deinen Besitz, deinen Körper, deine Familie, deinen Garten ökologisch und friedlich verwaltest, dann rettest du alles, wofür du verantwortlich bist, vor Schaden und Zerstörung. Wenn irgendwann alle 7,5 Milliarden Menschen dies tun können und wollen, ist die Welt gerettet. Dazu müssen sie aber erst viele destruktive Konzepte der Vergangenheit aus ihren Köpfen bekommen und in vielen Bereichen anders handeln.

S.A.W. steht auch für „I **Saw A Solution**", ich habe eine Lösung gefunden. Denn es geht heute nicht mehr um die Fehler der Vergangenheit, es geht um Lösungen für die Zukunft. Vor 45 Jahren sang John Lennon: „Imagine there´s no problems, only solutions". Damit wurde er zum Prophet der neuen Zeit, bevor ein Verrückter ihn zum Märtyrer machte. 7,5 Milliarden Menschen werden noch jede Menge Lösungen entdecken, denn noch nie gab es so viele Menschen, noch nie waren sie so gut ausgebildet, noch nie war das kreative Potential der Menschheit so groß wie heute.

SAW heißt auf Englisch Säge. Wenn ein Problem so groß ist, dass es unlösbar erscheint, muss man es zersägen, in kleine Teile zerlegen, die man lösen kann. Die Rettung der Welt erscheint heute vielen so unendlich kompliziert, dass sie aufgeben, die Hände in den Schoß legen und kapitulieren. Was soll der einzelne schon machen, die großen Konzerne, die Politik, die Strippenzieher der Weltverschwörung, die hintertreiben doch alles.

Aber wie gesagt, wenn 7,5 Milliarden Gehirne kreativ werden und das Potential ihrer jeweils 400 Milliarden Neuronen entdecken, dann entzündet sich ein Feuerwerk, dessen Riesenknall noch bis zur fernsten Insel, bis zum höchsten Berg und bis zum kältesten Gletscher der Antarktis zu hören sein wird.

Die wichtigste Veränderung des 21. Jhdt. wird die Umstellung vom Bruttonationalprodukt auf das Bruttoglücksprodukt sein, das in dem kleinen buddhistischen Land Bhutan schon Staatsdoktrin ist. Viele Menschen streben nach Reichtum, die meisten aber nach Glück. Wer süchtig nach Reichtum ist, stürzt sich meist ins Unglück, ein kleiner Börsencrash reicht schon aus, um an Selbstmord zu denken. Wer tut, was ihn glücklich macht, braucht sich um den Rest keine Sorgen zu machen. Wer in seiner Arbeit glücklich ist, verdient genug Geld. Wer gern tut, was er tut, hat Erfolg. Glückliche Menschen ziehen andere Glückliche an und sinnen selten auf Rache.

Die Zukunft muss man vom Ende her denken: Was braucht die Menschheit um zu überleben? Wie könnte eine von 9 Milliarden Menschen intelligent organisierte Welt aussehen? Wie wird die Welt im Jahr 2100 aussehen, wenn wir alles richtig gemacht haben? Welche Welt wünschen wir uns für unsere Kinder?

Liebe Leser, helfen Sie mit, diese Welt zu entwickeln. Es kommt auch auf Ihre Ideen an, vor allem aber auf Ihr Handeln. Publizieren Sie Ihre Ideen und Erfahrungen auf der SAW-Plattform: https://www.facebook.com/groups/1806904442902002/

Dr. Rüdiger Opelt, Salzburg, 20.1.2018

P.S: Wenn ich viele Beispiele aus Österreich und Deutschland zitiere, dann nicht um diese Länder besonders hervorzuheben, sondern schlicht, weil ich mich in meiner unmittelbaren Heimat am besten auskenne und die besagten Beispiele aus erster Hand zitieren und beschreiben kann.

I. Die Fehler der Vergangenheit

Zugegeben, in der Geschichte der Menschen ist nicht immer alles super gelaufen. Die Entwicklung der Menschheit ist zwar eine fortlaufende Erfolgsgeschichte, aber trotzdem will kein vernünftiger Mensch zurück in die Vergangenheit. Höchstens zu Forschungszwecken oder aus Neugier; sicher nicht, um dort auf Dauer und ohne den Segen des Fortschritts zu leben.

Das liegt daran, dass unsere Vorfahren jede Menge Probleme hatten, keine 40 Jahre alt wurden, schmerzende Zähne hatten, die selten etwas zu beißen bekamen. Die Urmenschen mussten ständig damit rechnen durch Viren, Raufhändel oder Kriege zu sterben.

Außerdem hatten sich ins Betriebssystem der Menschheit einige gravierende Fehler eingeschlichen, die uns bis heute belasten, auch wenn wir ihnen mit immer raffinierteren technischen Apparaten zu Leibe rücken. Es plagen uns Ängste, Kriege, Naturzerstörung, Unterdrückung, Ausbeutung, Paranoia, Größenwahn und eine extreme Form der Schwarzmalerei. Kein Mensch weiß, ob wir diese Geiseln der Menschheit jemals loswerden. Wenn uns das nicht gelingt, werden sie uns zweifellos vernichten und es wird der ganzen Welt so ergehen wie der k. u. k. Monarchie.

Wir sollten daher diese Fehler kennen, um ihnen nicht wieder auf den Leim zu gehen.

Die Angst vor dem Untergang

Die Angst vor der Apokalypse liegt quasi in unseren Genen. Alle Propheten warnten davor, Jesus war davon überzeugt, Gott schickte uns die Sintflut, Pech und Schwefel und die 7 Plagen. Für das Jahr 1000 n. Chr. war der Weltuntergang fix eingeplant, seitdem finden immer neue Sekten immer neue Untergangstermine, und wenn sie im Maya-Kalender das Jahr 2012 nachschlagen mussten, auf das leider ebenso wenig Verlass war wie auf all die anderen Termine des Armageddon.

Nachdem die Apokalypse nachweislich nicht kommt, warum fürchten wir uns immer noch davor?

Ein Grund ist, dass die Menschen alle anderen Menschenarten (Neandertaler, Homo denisova, erectus, floresiensis) und unzählige Tierarten ausgerottet haben. Da liegt es nahe, dass wir fürchten, dass irgendeine Macht auch uns den Garaus machen wird.

Zum zweiten stand die Menschheit oft kurz vor der Ausrottung. Dürrekatastrophen in unserer Urheimat Afrika, häufiger Klimawandel durch die Eiszeiten, ein Vulkanausbruch in Sumatra vor 70.000 Jahren – wir waren schon mehrmals auf einen genetischen Flaschenhals reduziert, wo es nur ein paar tausend Überlebende der Gattung Mensch gab. Kein Wunder, das wir die Angst vor dem Untergang ständig in die Zukunft projizieren.

Als die Menschen sich endlich über die ganze Erde ausgebreitet hatten, gingen sie auch miteinander nicht zimperlich um. Wann immer eine Menschengruppe überlegen war, rottete sie bedenkenlos die Unterlegenen aus. So vernichteten Bantu-Völker aus Nigeria die Khoisan-Stämme Ostafrikas, die Weißen dezimierten die Indianer Amerikas und die Aborigines Australiens. Die Afrikaner überlebten nur, weil die Kolonialzeit zu rasch vorüber ging, als dass die skrupellosen Weißen alle Afrikaner hätten umbringen können. Im Kongo starben immerhin 10 Millionen von 20 Millionen Kongolesen in der kurzen Herrschaft des Belgierkönigs Leopold II., sie wurden wahllos massakriert oder verstümmelt, wenn sie nicht genug Kautschuk gesammelt hatten, mit welchem der Belgierkönig reich wurde. Im 1. und 2. Weltkrieg starben je 50 Millionen Tote und die faschistischen und kommunistischen Diktatoren brachten im 20. Jhdt. weitere 80 Millionen um.

In unserem kollektiven Unterbewusstsein sind viele Katastrophen gespeichert und so lesen wir ängstlich jede Tageszeitung, ob und wann die nächste Krise ausbrechen wird. Darum sind schlechte Nachrichten gute Nachrichten für jede Zeitung, weil sie in der Regel die Auflage erhöhen. Propheten, die den Untergang vorhersagen, hatten zu allen Zeiten Hochkonjunktur, denn man kann ja nie wissen. Der Weltuntergang kommt zwar nicht, aber man verschiebt einfach das Datum, dann kann man sich von neuem fürchten.

Uns Menschen gruselt´s halt gern, das liegt in unserem Wesen.

Warum freuen wir uns nicht über Schönes und Positives?

Das ist leicht erklärt. Die Angst vor der Katastrophe hatte in der menschlichen Evolution einen großen Vorteil. Wer ständig die Umgebung nach Gefahren absucht, wird wahrscheinlich Löwen und Leoparden rechtzeitig entdecken, um fliehen zu können. Wer sich über die schöne große Katze mit der prächtigen Mähne freut und sie streicheln will, wird totsicher gefressen. Naive Optimisten lebten einfach zu kurz, um ihre Gene weiterzugeben. Die Pessimisten haben recht, schlicht und einfach, weil sie überlebt haben und genug Kinder bekamen, um sich fortzupflanzen.

Krieg

Krieg aus religiösen Gründen ist der direkte Weg in die Hölle, die dann auf Erden ausbricht. Das scheint die wichtigste Lehre aus der Geschichte zu sein. Erstaunlicherweise sind gerade Religionen die Hauptursache von Kriegen, der Religionskrieg ist keine Erfindung der Sunniten und Schiiten im heutigen Nahen Osten. (Allerdings hat der Monotheismus die Lage durch seinen Alleinvertretungsanspruch verschlimmert, weil jeder Andersgläubige sowieso in die Hölle kommt und daher getötet werden darf). Es gibt insgesamt 5000 spirituelle Systeme auf der Erde, 99% davon ist die Vorstellung fremd, dass der eigene Gott der einzige sei. Das Gebot "Töte deinen

Nächsten" findet sich nirgends auf der Welt und doch bitten seit 5000 Jahren die Soldaten ihren Gott um den Sieg. „Gott ist mit uns“ ist der häufigste Schlachtruf. Wenn es denn einen Gott gibt, dann muss der sich doch sehr wundern, wie viele Parteien ihn gleichzeitig um Hilfe fürs Töten bitten.

Nach aller Logik kann selbst der mächtigste Gott so eine Hilfe nicht leisten. Warum glauben dann alle Völker seit Anbeginn der Kriege an so einen Unsinn?

Yuval Harari (Homo Deus) schreibt, dass der Mensch seit 70.000 Jahren Glaubensmythen braucht, um als Gruppe, Volk oder Nation kooperieren zu können. Die Mythen und Religionen ändern sich, entscheidend ist nur, dass viele an eine Sache glauben, egal ob es sich um den göttlichen Leib Christi, das Nirwana, den Urknall oder die von Gott bestimmte Überlegenheit des Menschen handelt.

In der Vergangenheit konnte der Sieger einer Schlacht sein Territorium ausdehnen, mehr Güter, Rohstoffe und Sklaven erwerben und damit seine Macht ausweiten - auf mehr Menschen, mehr Schätze und mehr Landfläche. Zu Caesars und Augustus Zeiten war es durchaus lohnend, feindliche Völker zu überfallen und in das römische Imperium zu integrieren, denn das Imperium wurde so immer größer und reicher. Selbiges taten die chinesischen Kaiser, die spanischen Konquistadoren und die englische East India Company. Der siegreiche Feldherr Prinz Eugen wurde mit der Beute, die er den Türken abknöpfte, zum reichsten Mann Wiens, seine Schlösser sind heute noch prächtiger anzuschauen als die der Habsburger. Bis ins 20. Jhdt. war Krieg also ein probates Mittel zur Errichtung großer Reiche und zum Anhäufen großer Vermögen. Ein Menschenleben hingegen zählte wenig.

Seit der Erfindung der Atombombe und der globalen Wirtschaftsverflechtung ist Krieg ein Defizitgeschäft geworden. Erstere bedroht das Überleben der Menschheit, deshalb wurde die Atombombe nur zweimal eingesetzt und es bleibt zu hoffen, dass die Politiker der Zukunft ihren Überlebensinstinkt nicht verlieren werden. In der globalisierten Wirtschaft ist jeder Krieg eine Bedrohung für Börsenkurse und Wachstumsraten. Die USA ließen sich 2002 in Afghanistan und 2003 im Irak zu siegreichen Kriegen provozieren, deren Folgekosten aber 100mal höher sind als jeder Gewinn, den ein paar Kriegsgewinnler vielleicht hatten, vom Leid der Bewohner dieser Länder ganz zu schweigen. Würde die zukünftige Führungsmacht China seine Nachbarländer angreifen, dann versetzte es seiner Wirtschaft damit einen Schlag, von dem sich die Chinesen nie wieder erholten. Die Führung Chinas setzt auf wirtschaftliche Expansion, da es mit Krieg nur einen Aufstand im eigenen Land riskieren würde. Selbiges ist schon Zar Nikolaus II, Kaiser Wilhelm II. und Kaiser Karl I. passiert, von Hitler gar nicht zu reden. So blöd, durch einen großen Krieg kollektiven Selbstmord zu begehen, sind die Chinesen wohl nicht.

Laut Harari lohnt sich Krieg nicht mehr, da Wissen der heutige Rohstoff ist, und Wissen kann man nur durch friedlichen Handel vermehren, durch Krieg wird es vermindert. Im 21. Jhdt. gilt: mehr Wissen, mehr Wohlstand und Fortschritt; mehr Krieg, mehr Armut und Gewalt.

Krieg scheidet also als Lösung für die Probleme der Welt aus. Das hat sich nur noch nicht in allen Weltgegenden herumgesprochen. Die Terroristen des IS und der Al Kaida sind vom Sinn des Heiligen Krieges überzeugt, auch wenn dieses Konzept zuletzt im 7. Jhdt. n. Chr. funktioniert hat und seitdem nur Probleme macht. Mit ihren Terrorattacken spielen sie auf den alten Untergangsängsten der Menschheit Klavier. Nach jedem Anschlag glauben 90% der Menschen, dass Terror die schlimmste Gefahr für die Menschheit ist. Was eine völlige Verkennung der Wirklichkeit darstellt: Durch Autounfälle sterben 1.250.000 Menschen pro Jahr, durch Terroristen 32.000. 11.700 Amerikaner sterben durch Schüsse anderer Amerikaner, jedoch nur 2 durch islamistische Immigranten. Es ist also höchste Zeit, dass sich alle beruhigen und auf den Boden der friedlichen Realität zurückkommen.

Krieg gegen die Natur

Seit 2 Millionen Jahren ist der Mensch ein Raubtier, ein höchst erfolgreiches noch dazu. Wo immer er auftauchte, rottete er die großen Pflanzenfresser aus. In Asien verschwanden die Mammuts, in Australien die großen Reptilien und Beuteltiere, in Nordamerika Riesenfaultiere und Wollnashörner, in Neuseeland die Moas. Inzwischen sind sich die Paläontologen einig, dass die Schuld der Menschen am großen Massensterben nicht mehr geleugnet werden kann.

Die Ausrottung geschah dabei gar nicht absichtlich. Große Tiere waren lange durch ihre Größe vor Raubtieren geschützt und brachten daher nur wenige Junge zur Welt, um das ökologische Gleichgewicht nicht zu gefährden. Das Raubtier Mensch konnte mit Wurfspeeren und Gruppenhetzjagd diese wenigen Jungen leicht erbeuten und so wurden die großen Tiere immer weniger, bis am Schluss keine mehr übrig waren.

Damit nicht genug. Entstanden als Savannenbewohner Ostafrikas, wandelte der Mensch sämtliche Ökosysteme aller Kontinente in riesige Savannen um, damit er dort Weizen, Soja und Mais anbauen konnte. Er hatte dabei nur den eigenen Vorteil im Sinn, was mit den anderen Lebewesen bei dieser Umgestaltung geschah, war ihm herzlich egal.

Heute beherrscht der Mensch als Krone der Schöpfung die ganze Welt und nimmt dessen gesamte Biomasse als Nahrungsquelle in Besitz. 90% der Biomasse der großen Landtiere besteht aus den Menschen und den Haustieren, die von Menschen gefressen werden.

Dieser enorme Erfolg der Menschheit macht viele schwummrig. Es kann nicht so weitergehen, da sind sich alle einig. Denn die Menetekel sind schon an die Wand geschrieben. Niemand kann uns garantieren, dass es uns nicht genauso ergeht wie den Tieren, die wir ausgerottet haben. Denn eine andere höchst erfolgreiche Gruppe der Säugetiere geht uns gerade als Mahnmal voraus.

Die größten Tiere aller Zeiten sind die Wale. Seit 50 Jahren setzt sich Greenpeace für die Wale ein und versucht, ihre Ausrottung zu verhindern. Wenn man so will, wurden die Wale zum Symbol für die Rettung der Natur. Was prädestiniert die großen Meeressäuger dafür, das Herz der grausamen Menschen zu erweichen?

Vielleicht, weil sie ein bisschen sind wie wir. Höchst erfolgreiche Räuber, die sich Dreiviertel der Erdoberfläche (so viel ist vom Meer bedeckt) untertan gemacht haben.

Bis vor kurzem war die Welt der Wale schwer in Ordnung. Sie hatten 40 Millionen Jahre lang die Ozeane erforscht und sich darin an die Spitze der Nahrungskette gesetzt. Sie konnten als Pottwale bis in die Tiefsee tauchen, als Blauwale waren sie unangreifbar groß, als Delphine so intelligent und sozial wie sonst nur die Menschen. Mit ihren Stimmen konnten sie quer durch ganze Ozeane miteinander kommunizieren.

Sie wussten sozusagen alles über ihre Welt und niemand konnte ihnen das Wasser reichen. Niemand würde sich mit ihnen anlegen. Dachten sie zumindest.

Doch dann kam der Mensch mit seinen Harpunen und brachte alle Walarten in kürzester Zeit bis an den Rand der Ausrottung.

So schnell kann sich alles ändern. Heute sind wir die Herren der Welt und können nur hoffen, dass niemand eine Harpune zur Ausrottung der Menschen erfindet. (Oder die von uns erfundene Atombombe zu eben diesem Zweck einsetzt).

Der Natur ist es egal. Sie hat schon so viele Arten kommen und gehen gesehen, dass es auf eine mehr oder weniger nicht ankommt.

Es ist also keine gute Idee, sich mit der Natur anzulegen. Denn seit 4 Milliarden Jahren bleibt diese der Sieger, ganz egal welche Katastrophen es zu überwinden gilt.

James Lovelock stellt sich die Erde als Lebewesen Gäa vor, das selbstregulierend auf sich selbst schaut. Gäa ist noch jede vorherrschende Tierart wieder losgeworden, gleich ob es sich um Riesenskorpione, Panzerfische, Dinosaurier oder Mammuts handelte.

Mit Gäa sollte man sich also nicht anlegen. Denn Heuschreckenschwärme, die alles kahlfressen, schüttelt Gäa ab wie einen Haufen Dreck. Das drückt ein alter Witz gut aus: Planet A beklagt sich beim Planeten B. Der fragt zurück, was er denn habe. Planet A: „Menschen!“ Daraufhin Planet B: „Mach dir keinen Kopf, die hatte ich auch schon. Aber das geht vorbei!“

Wenn wir also keine Koexistenz mit der Natur finden, dann geht es uns wie den Dinosauriern, den Wollnashörnern und den Mammuts. Wir werden bald Geschichte sein.

Unterdrückung

Die Unterdrückung der Masse der Menschen durch eine kleine Elite ist so alt wie der Ackerbau. Als die großen Landtiere ausgerottet waren, mussten die Jäger eine neue Nahrungsquelle finden. Sie entdeckten, dass man von Grassamen ganz passabel leben kann. Es mussten sich nur genügend Menschen zusammenrotten, um die Felder zu bebauen und die Viehherden zu hüten. Für die Bewässerung trockener Gegenden durch Hochwasser führende Flüsse war eine komplexe vertikale Organisation nötig. Eh sich Ägypter und Sumerer versahen, waren sie von Königen und Priestereliten beherrscht.

Solange ihnen die neue Elite genügend Nahrung fürs ganze Jahr versprach (es brauchte Kornspeicher, Bewässerungssysteme, Rationierung und gerechte Verteilung der Lebensmittel) ließen sich die Untertanen gern beherrschen, ja sie verehrten die Könige als Götter, die das Überleben sicherten. Wenn aber die Ernte schlecht war oder Ratten die Kornspeicher leerfraßen, wurde es für die

Könige gefährlich. Hungerrevolten brachten die Eliten immer wieder in Gefahr, Reiche zerbrachen, wenn das Klima schlecht war und Dürren die Ernten ruinierten. Klimaforscher stellten fest, dass das Ende von Imperien in fast allen Fällen mit Trockenperioden korreliert.

Nach kurzer Zeit kriegten das die Könige mit und entwickelten ein effizientes Mittel gegen ihren Sturz. Mit einem straff organisierten Heer ließ sich jede Hungerrevolte niederschlagen und das Königshaus konnte bis zur nächsten guten Ernte durchhalten. Mit Spitzeln und Geheimdiensten konnte man überdies jeden Aufstand im Keim ersticken. Mit diesem System hält sich Syriens Diktator Assad auch nach 6 Jahren Bürgerkrieg an der Macht und wartet immer noch auf eine gute Ernte, die auf Grund seiner Fassbomben allerdings immer unwahrscheinlicher wird.

Womit schon erklärt ist, warum heute Unterdrückungssysteme nicht mehr so gut funktionieren wie jene in früheren Jahrhunderten. Eliten, Korruption und Hierarchien wurden akzeptiert und in Kauf genommen, solange sie das Überleben des beherrschten Volkes sicherten. Was sie ja auch erfolgreich taten. Die römischen Kaiser waren zwar gewalttätige Despoten, solange sie ihrem Volk aber Brot und Spiele garantierten, hielten sie sich an der Macht.

Moderne Diktatoren haben ein Problem. Brot und Spiele lassen sich heute nur mit einer gut ausgebildeten Bevölkerung und viel wirtschaftlicher Innovation sichern. Der Stalinismus samt UDSSR landete auf dem Müllhaufen der Geschichte, weil Stalin alle seine klugen Untertanen in Gulags sperren oder umbringen ließ. So hatten die Sowjetbürger am Ende weder genug zu beißen noch genug Geld für Unterhaltung. Und aus war´s mit dem größten Land der Erde und dem segensreichen Kommunismus.

Mit einer Ausnahme: Die KPCH erkannte 1978, dass sie ihre Herrschaft durch wachsenden Wohlstand absichern konnte. So hat China in den letzten 40 Jahren gezeigt, dass Wohlstand und Einparteienherrschaft sich sehr wohl vertragen. China zeigt eine moderne Version der Brot-und-Spiele-Geschichte. Man darf ein Volk bevormunden, solange man es satt und zufrieden macht. Man darf es aber nicht soweit unterdrücken, dass es hungert und keine Perspektive mehr hat. Denn dann bricht das Unterdrückungssystem früher oder später in sich zusammen.

Bereicherung

Womit wir beim Lieblingsthema der heutigen Journaille sind: bei Bereicherung, Korruption und Finanzskandalen. Bis zu einem bestimmten Punkt akzeptiert die schweigende Mehrheit, dass die Elite reicher ist als das gemeine Volk. Ja, das Volk ist sogar unendlich geduldig im Ertragen einer sich immer weiter öffnenden Einkommensschere. Diese wurde in der Vergangenheit durch religiöse Systeme stabilisiert. Das indische Kastensystem und das mittelalterliche Zunftsystem erklärten es für gottgewollt, dass jeder Mensch einen bestimmten Platz in der Gesellschaft zugewiesen bekommt. Kaiser, König, Edelmann; Bürger, Bauer, Bettelmann. So war es nun mal im mittelalterlichen Europa. Ein Aufbegehren gegen die Klassenunterschiede war ein Aufbegehren gegen die Ordnung Gottes.

Solange man in seiner Schicht gut leben konnte, hielt man es aus, dass die Oberschicht 10mal oder sogar 100mal mehr verdiente. Wenn die Oberschicht es aber übertrieb, ging es für sie fast immer schlecht aus. Wenn die Elite 1000mal oder 100.000mal so viel verdiente wie der einfache Bauer, dann riskierte sie, auf dem Schafott oder unter der Guillotine zu landen. Sie weiß es zwar noch nicht, aber die Finanzelite der Banker, die sich Millionen-Boni genehmigt, die dann rückwirkend von den kleinen Sparern über Minuszinsen finanziert werden, ist bereits in akuter Lebensgefahr. Heute wird man vielleicht nicht gleich hingerichtet, aber im Gefängnis landen die Finanzbetrüger allemal. Auch ehemalige Minister und Wirtschaftsbosse sind nicht mehr sakrosankt. In Brasilien stürzten bereits zwei Präsidenten auf Grund eines einzigen

Bauskandals, der die ganze Elite Lateinamerikas in den Abgrund zu ziehen droht.

Brot und Spiele – diese Regel der Römer gilt noch immer.

Wenn du dein Volk gut leben lässt, akzeptiert es deinen Reichtum. Wenn du es mit der Ausbeutung aber übertreibst, dann lebst du nicht lange. Irgendein bezahlter Killer findet sich schnell und die Mafia steht Gewehr bei Fuß.

Freund-Feind-Denken

Das riesige Gehirn mit seinen Billionen Nervenverbindungen hat den Menschen an die Spitze der Nahrungskette bugsiert. Es hat die Kommunikation innerhalb der Gruppen vervielfacht und den sozialen Zusammenhalt verstärkt. Deswegen sind Menschengruppen zu komplexen Aktionen fähig wie zu einer Großwildjagd, einem Kommandounternehmen, einer Papstwahl oder dem Bau eines Staudamms.

Ermöglicht wurde diese Zunahme der sozialen Komplexität durch die Erfindung der Sprache. Seitdem können Gruppenmitglieder über Gott und die Welt diskutieren und seit 70.000 Jahren ist das auch unsere Lieblingsbeschäftigung. Verbales Lob und Zuhören haben die Streicheleinheiten ersetzt, mit denen sich Affen beim Lausen verwöhnen und auch die Schleckereien, mit denen die meisten Säugetiere mittels geschickter Zunge ihre Zuneigung ausdrücken.

Die Sprache hat aber einen gravierenden Nachteil. Man muss sie verstehen, um zu einer Gruppe dazuzugehören. Wer unverständlich daherplapperte, galt den alten Griechen als Barbar. In allen Ländern gelten Menschen unbekannter Zunge als Fremde, sind wohl Feinde, denen man nicht vertrauen kann. Der Mensch neigt dazu, Fremde im Zweifelsfall zu erschlagen, bevor die ihm was tun können. Man weiß ja nie.

Die Verbesserung der Kommunikation in der Gruppe wurde mit einer Verschlechterung des Dialogs zwischen Gruppen erkauft, der jederzeit schiefgehen und in Aggression umschlagen kann. Anders als andere Tiere haben es die Menschen verlernt, die nonverbale Sprache richtig zu lesen, die bei allen Säugetieren die Kommunikation innerhalb einer ganzen Art ermöglicht.

Wölfe z.B., die ähnlich komplex organisiert sind wie Menschen, sprechen in ihrem gesamten Verbreitungsgebiet die gleiche Sprache. Wenn sich fremde Wolfsrudel begegnen, können sie blitzschnell einschätzen, ob die Fremden gefährlich oder ungefährlich sind. Stellen die fremden Wölfe die Rute hoch, legen sie die Ohren an und fletschen die Zähne, dann werden sie angreifen. Ziehen sie den Schwanz ein und senken sie den Kopf, dann wollen sie Streit vermeiden. Legt sich ein Wolf gar auf den Rücken und präsentiert seinen schutzlosen Hals, dann unterwirft er sich. Dann haben die Angreifer eine angeborene Beißhemmung und ziehen sich zurück.

Wolfsrudel kämpfen daher nur dann, wenn sie einem anderen Rudel sein Territorium abjagen wollen, niemals aber wegen eines Missverständnisses. Lieber gehen sie sich aus dem Weg und suchen sich ein neues Jagdgebiet. Weil sie Kriege vermeiden, haben sich Wölfe über die gesamte Nordhemisphäre ausgebreitet und tun dies jetzt wieder, wenn der Mensch sie in Ruhe lässt.

Wir Menschen neigen hingegen zur Paranoia, wenn Fremde in unser Land eindringen. Schließlich wurden wir ja in der Vergangenheit schon oft überfallen und beraubt. Wenn also Türken und Araber scharenweise nach Mitteleuropa kommen, wollen sie uns wahrscheinlich zerstören und uns alles wegnehmen. Der Instinkt legt uns nahe, sie prophylaktisch zu vertreiben und ihre Häuser abzufackeln.

Um ähnlich diplomatisch zu sein wie die Wölfe, müssten wir erst einen Türkisch- oder Arabisch-Kurs machen und die Bräuche der Moslems richtig deuten lernen. Oh Gott, die stechen ihren Schafen den Hals ab und lassen sie ausbluten, werden sie das auch mit unseren Frauen und Kindern tun?

Türken, die Deutsch lernen und sich verständlich ausdrücken, schließen wir hingegen schnell ins Herz und werden mit ihnen gut Freund. Wenn sie uns zu einem Hammelbraten einladen, entdecken wir, dass der gar nicht so anders schmeckt als unser Schnitzel.

Das Sprachproblem behindert unseren Friedenswillen, seit es verschiedene Sprachen gibt (Die Ursprache Nostratisch wurde zuletzt vor 70.000 Jahren gesprochen.) Wenn Menschen sich geographisch voneinander isolieren, spalten sich Sprachen innerhalb von 1500 Jahren in Schwestersprachen auf, die von der jeweils anderen Gruppe nicht mehr verstanden werden.

Alle großen Reiche haben versucht eine neue Universalsprache durchzusetzen. Die Han-Chinesen waren damit am erfolgreichsten, ihr Mandarin hat alle anderen Sprachen Chinas verdrängt. Seitdem ist China in den meisten Zeiten ein vereintes Land, von kurzen Bürgerkriegen abgesehen. Ähnliches machten die Römer mit ihrem Latein, das nach dem Untergang des römischen Imperiums aber schnell in 8 romanische Sprachen zerfiel. Seitdem können sich Franzosen, Spanier und Italiener wieder ohne schlechtes Gewissen zerfleischen, denn die anderen sprechen ja ein unverständliches Kauderwelsch, sind logischerweise Feinde und möglichst zu töten.

Die internationale Diplomatie umgeht dieses Problem durch Dolmetscher und Sprachkurse. Das setzt aber die Bereitschaft voraus, die Sprache eines Feindes überhaupt erlernen zu wollen. Als die Spanier in Amerika landeten, verweigerten sie strikt, das Blabla der Wilden ernst zu nehmen, denn so konnten sie diese ungestrafter abschlachten. Leider entgingen ihnen dabei so wertvolle Kulturschätze wie die Astronomie der Maya und die Zyklopenbauweise der Inka.

Auch der neuen Weltsprache Englisch wird es ähnlich ergehen wie dem Latein. Es wird zwar auf der ganzen Welt gesprochen, spaltet sich aber schon wieder auf. In den USA reden konservative Republikaner und liberale Demokraten völlig aneinander vorbei und spalten damit das Land. Nach der Wahl Trumps hat Kalifornien ernsthaft überlegt, aus den USA auszutreten. Die Sezession des Südens vor 150 Jahren könnte sich durchaus wiederholen. Damals reichten schon die verschiedenen Sprachen der Baumwollpflanzer des Südens und der Fabrikanten des Nordens aus, um den bis dahin blutigsten Krieg der Neuzeit auszulösen.

Nachdem sich in einer immer enger werdenden Welt immer mehr Fremde begegnen, haben immer mehr Menschen Probleme, ihre Paranoia in den Griff zu kriegen. Es reicht schon aus, wenn ein psychisch Kranker verrücktes Zeug daherredet. Dann rufen wir die Polizei und sperren ihn in die Klinik. Denn wenn er schizophren ist, bringt er uns vielleicht in einem Anfall um. Das wollen wir nicht riskieren.

Größenwahn

Der erste Mensch, der ein großes Tier mit einem Wurfspeer erlegte, muss wohl einen Höhenrausch gehabt haben. Nach Millionen Jahren des Kampfes ums Überleben hatte er plötzlich Fleisch für Wochen und brauchte sich vor keinem anderen Tier mehr zu fürchten. Das war damals wie ein Lottosechser.

Erfolg verdirbt den Charakter, und zwar umso mehr, je größer die Diskrepanz zwischen einem schlechten Ausgangszustand und dem erfolgreichen Endzustand ist. Lottogewinner sind oft nach wenigen Jahren so arm wie vorher, weil sie mit dem ungewohnten Erfolg nicht umgehen können, das Geld zum Fenster hinauswerfen und sich von Betrügern ausnehmen lassen. Wer hingegen reich geboren ist, hat ein Leben lang gelernt, seinen Reichtum zu nutzen, zu genießen und zu vermehren.

Der Urmensch war der arme Vetter der Gorillas und der Löwen. 5 Millionen Jahre lang zog er den Kürzeren, weil die Gorillas und Löwen viel stärker waren. Wenn er denen ängstlich aus dem Weg ging, dann fraßen ihn des Nachts die Leoparden. In seinem Innersten ist der Mensch immer noch ein von Angst geplagtes Beutetier, das zunächst einmal davon ausgeht, dass ihn irgendjemand fressen will.

Doch dann kam in kürzester Zeit die große Wende. Seit der Erfindung des Speers ist der Mensch der Stärkere und nimmt an seinen alten Feinden blutige Rache. Jetzt gehen uns die Löwen aus dem Weg, die Gorillas haben wir eh schon fast ausgerottet.

Ein solcher Höhenrausch ist nicht gesund für unsere Psyche. Meist hat unser Gehirn nicht genug Zeit, um die plötzlich gestiegene Kraft richtig einzuordnen. Wenn man erst ein paar Feinde getötet hat, fühlt man sich unverwundbar. Wenn man dem Machtrausch des Tötens verfällt, fühlt man sich am Ende wie ein Gott, der allen anderen überlegen ist.

Bei jedem neuen Erfolg nahm der Größenwahn der Erfolgreichen zu. Achilles war als Schwertkämpfer ein Halbgott, der Pharao ein göttlicher Bogenschütze, Alexander der Große ein göttlicher Stratege, Vasco da Gamas Kanonen beherrschten den indischen Ozean und die Atombombe machte den amerikanischen Präsidenten zum Herren der Welt.

Die größten Aufsteiger traf der Größenwahn am schlimmsten. Napoleon war ein kleiner italienischer Einwanderer, er eroberte Frankreich und dann ganz Europa, wurde Kaiser und verschenkte die eroberten Länder an seine Verwandten.

Hitler war ein obdachloser Postkartenmaler in Wien, eroberte erst München, dann Berlin und Deutschland und wieder ganz Europa und fühlte sich als größter Feldherr aller Zeiten. Ein Befehl des Führers war wie Gottes Wort und erlaubte keinerlei Kritik.

Die Römer nannten dieses Phänomen Caesarenwahn und der ging immer schlecht aus. Caligula, Nero, Domitian, Commodus und fast alle Soldatenkaiser fielen ihm zum Opfer und wurden am Ende von den eigenen Leuten ermordet.

In den letzten Jahrzehnten sind die Banker die neuen Kaiser, bauen sich Finanzimperien auf, mit denen sie die Welt beherrschen und stürzen oft ebenso jämmerlich ab wie Hitler oder Napoleon.

Unser großes Hirn ist unser Erfolgsorgan. Wenn es zu erfolgreich ist und uns zum Größenwahn verleitet, endet das meist in einer Katastrophe.

Schwarzmalerei

Panikmache ist ein beliebtes Führungsinstrument. Die katholische Kirche wurde groß und mächtig, weil sie erst ständig mit dem Weltuntergang drohte, und, als der sich partout nicht einstellen wollte, ihn ins Jenseits verschob. Seitdem fürchten sich alle vor der Hölle, wenn sie den Anweisungen der Bischöfe nicht Folge leisten. Darüber hat sich ein gewisser Martin Luther maßlos echauffiert. Da zeigte ihm die Kirche, was eine Harke ist. Die Drohungen wurden sehr schnell im Diesseits umgesetzt, Ketzer in der peinlichen Befragung gefoltert und Protestanten auf dem Scheiterhaufen verbrannt. (Auf dem Konzil von Konstanz verbrannte man Jan Hus trotz kaiserlicher Zusicherung des freien Geleits, dem genialen Giordano Bruno erging es auf dem Campo del Fiori in Rom am 17.2.1600 genauso).

Folter ist bei Mächtigen sehr beliebt. Ob Gestapo, KGB, Securitate oder syrischer Geheimdienst – wenn man genügend Volksgenossen hinreichend quält, dann fürchten sich alle anderen so, dass sie den Mund halten. Und das ist schließlich der Zweck der Übung.

Nach einigen Jahrhunderten der Scheiterhaufen sehen die Leute schwarz. Wortwörtlich. Denn niemand kann sich mehr sicher sein, dass von ihm nicht bald nur ein kleines Häuflein Asche übrigbleibt.

Schwarzsehen ist allerdings ganz schlecht für das Denken. Denn wenn neues Denken lebensgefährlich ist, dann stellt man es eben ein. Panik und Angst töten die Kreativität ab. Mehr noch: Panik reduziert das Verhalten auf Überlebensinstinkte (Vulkanausbruch - Weglaufen, Überfall - Kämpfen, Ohnmacht - Erstarren). Zum Lösen der komplexen Zukunftsaufgaben ist Panik völlig ungeeignet. Das kennt jeder, der schon mal bei einer Mathematikschularbeit ein Blackout hatte. So wie viele Mathematik-Phobiker habe ich nur deshalb keinen technischen Beruf ergriffen, weil allein der Gedanke an einen Rechenfehler mich sofort zur Salzsäule erstarren lässt. Das ist auch die Antwort auf die Klagen und Fragen, warum so wenige Frauen technische Berufe ergreifen. Denen ergeht es ähnlich wie mir und so lange ihnen jeder erklärt, dass sie für Technik zu dumm sind, trauen sie sich die gut bezahlten Berufe nicht zu.

Das war in den meisten Jahrhunderten der Menschheitsgeschichte schnöde Absicht. Die Masse sollte dumm bleiben, damit sie den Mund hielt, die Frauen wurden zu Gebärmaschinen degradiert, damit sie brav taten, was ihre Männer wollten. Geplante Dummheit als Herrschaftsmodell, das hat bis vor 50 Jahren bestens funktioniert.

Durch Schwarzsehen konnte man auch die wenigen Geistesgrößen wunderbar in Schach halten. Und als die an die Hölle nicht mehr glauben wollten, wurde die Angstmache eben wissenschaftlich untermauert:

Haben Sie sich schon mal gefragt, warum nicht die bahnbrechenden Erkenntnisse des Galileo Galilei zum Bestseller wurden, sondern die Prophezeiungen des Nostradamus? Die halten sich nämlich seit 500 Jahren in den Charts, während von Galilei nur mehr die Physiker eine Ahnung haben.

Warum glauben die Menschen der Neuzeit lieber einem Scharlatan als einem genialen Physiker? Erraten – weil Nostradamus jede Menge Katastrophen prophezeit hat, die er angeblich bis ins Jahr 2100 vorausgesehen hat.

Ich gebe zu, ich bin auch darauf hereingefallen. 1982 las ich als junger Student einen Bestseller, der Nostradamus modern interpretierte. Darin belegte ein gewisser Herr Fontbrune, dass die Verse des Nostradamus hieb- u stichfest beweisen, dass im Jahr 2005 die Irakis und die Russen gemeinsam Europa erobern und dass selbst die Vermittlungen des Papstes Johannes nichts daran ändern würden. Außerdem wäre Johannes der letzte Papst, denn nach ihm ginge die Welt unter.

Als im Jahr 1991 die USA den ersten Irak-Krieg führten und in Rom Papst Johannes Paul residierte, überlegte ich ernsthaft, meinen Keller zu einem Atombunker auszubauen.

Inzwischen können wir über diesen Schmonzes lachen und es gibt schon 2 Päpste mehr als Nostradamus prophezeit hat, aber der gute Arzt aus St. Remy in der Provence hat die Menschen sage und schreibe 500 Jahre lang in Angst und Schrecken versetzt. Das ist die absolute Spitze für einen einzelnen Propheten. Wobei es nicht unwesentlich ist, dass Nostradamus der Arzt der französischen Könige war, die ein großes Interesse daran hatten, ihr Volk für dumm zu verkaufen, bis dies dem letzten König den Kopf kostete.

Nostradamus haben wir also mit etwas Glück überlebt. Aber an seine Stelle sind schnell andere Propheten getreten und die gingen dem Zeitgeist entsprechend weitaus gefinkelter vor. Wer die sind? Denken Sie mal nach. Wer prophezeit uns seit 45 Jahren den Weltuntergang, wissenschaftlich bewiesen, durch Computermodelle errechnet und über jeden Zweifel erhaben?

Ich muss peinlicherweise gestehen, dass ich als junger Mensch auch auf diese falschen Propheten hereingefallen bin:

1972 war ich aufgewühlt von den negativen Prognosen des Club of Rome und glaubte Dennis Meadows, dass unkontrolliertes Wirtschaftswachstum zum Untergang der Menschheit führen würde, da wir auf einem Planeten mit begrenzten Ressourcen leben. Ich hatte nun 45 Jahre Zeit, diese Prognosen auf ihre Gültigkeit zu prüfen und sehe die Sache inzwischen etwas gelassener:

1. Es ist zweifellos ein Verdienst des Club of Rome, die Menschheit darauf aufmerksam gemacht zu haben, dass weiteres exponentielles Ausnutzen der Ressourcen nicht möglich ist. Wir können also nicht weitermachen wie bisher, aber das ist eigentlich eine Tautologie, denn die Menschheit passt sich ständig an neue Gegebenheiten an und verdankt dieser Fähigkeit ihren Aufstieg.
2. Die vermeintliche Objektivität durch Computerberechnungen war ein gut gelungener Coup. Die meisten Berechnungen in "Grenzen des Wachstums" erwiesen sich als falsch. Das Öl müsste uns längst ausgegangen sein, heute stürzen die Aktien der Ölfirmen ab, weil sie wahrscheinlich zwei Drittel ihrer Reserven werden in der Erde lassen müssen.
3. Der Hauptfehler linearer Prognosen in die Zukunft liegt in der Verleugnung kybernetischer Prozesse. Jeder Trend provoziert die Gesellschaft zu einer Reaktion, die den Trend zunichtemacht. Deshalb waren alle exponentiellen Hochrechnungen der Vergangenheit erwiesenermaßen falsch.
4. Im Jahr 2012 wendete der Club of Rome seine apokalyptische Endzeitwarnung unverdrossen ein zweites Mal an, rechnete alle Trends der Nullerjahre auf 2052 hoch und prophezeite wieder den Absturz. Unverdrossen und unbelehrbar, weil in den letzten 45 Jahren der Absturz mitnichten kam, sondern ein weltweites Wachstum des Wohlstands. Laut UNO-Bericht sind Armut und Hunger in der Welt in einem unerwartet hohen Maß zurückgegangen.

Weil wir Untergangsszenarien so massiv beachten, wird der Untergang der Welt seit 2000 Jahren mit ziemlicher Regelmäßigkeit als unmittelbar bevorstehend hinausposaunt. Fürchtete man früher den Zorn Gottes über die Sünden der Welt, so fürchtet man heute die Algorithmen der Computer.

Dabei wird verleugnet, dass kein prophezeiter Untergang je eingetreten ist:
Die Menschheit vermehrt sich nicht exponentiell wie ein Heuschreckenschwarm, was Malthus 1798 als Bevölkerungsgesetz postulierte, sondern die Geburtenraten gehen in allen Ländern der Erde zurück.

Die Städte sind nicht im Pferdemist erstickt, wie 1900 befürchtet, als noch niemand mit dem Automobil rechnete. Die Wälder sind nicht abgestorben, wie 1980 befürchtet, sondern wachsen bei hohem CO2-Gehalt sogar besser. Das Ozonloch schließt sich wieder, weil die Fluorkohlenwasserstoffe gebannt sind. Die Rohstoffe werden nicht ausgehen, weil die Menschheit gelernt hat zu recyceln. Das Weltklima wird sich nicht unendlich erhitzen, sondern bei +1,5 bis +2 Grad einpendeln. In der Vergangenheit ist die Biosphäre auch schon bei +10 Grad und mehr prächtig gediehen.

Die immer zahlreicheren Probleme einer globalisierten Menschheit führen immer schneller zu unvorhergesehenen Lösungen: Nicht nur der Ressourcenbedarf der Menschheit steigert sich, sondern es verdoppelt bis vervierfacht sich in jeder Generation die Gehirnlösungskapazität der Menschheit mit der Zahl der Menschen, die gut ausgebildet sind. Außerdem entkoppeln sich Wachstum und Verbrauch der Rohstoffe: Zwischen 1993 und 2009 wuchs die Weltwirtschaft um 153%, der Ressourcenverbrauch nur um 9% (Nussbaumer 2018).

Die Prognosen des "Club of Rome 2052" waren schon 4 Jahre nach dem Erscheinen der englischen Originalausgabe falsch. 2012 konnte man natürlich nicht vorhersehen, dass sich bereits 2015 in Paris die Mehrheit der Länder auf die Weltklimaziele einigen und dass ein VW-Dieselskandal der Elektromobilität zum Durchbruch verhelfen würde.

Das Ziel der Apokalyptiker war zu allen Zeiten legitim: Man wollte durch Angstmache die sündige Menschheit zur Umkehr bewegen. Al Gore gelang dies wunderbar, indem er mit den Hockeyschläger-Skalen, für die er eine riesige Leiter brauchte, das Ende der Welt als unwiderruflich darstellte. Das brachte ihm als einzigem Menschen bisher einen Oskar und den Friedensnobelpreis ein. Es sei ihm vergönnt, denn seitdem nimmt jeder Mensch den Klimawandel ernst. Leider weiß inzwischen jeder Physiker, dass Gore mit falschen Skalen gearbeitet hat, sprich seine Darstellung war getürkt, so wie jede Untergangsdarstellung vor ihm. Auch wenn der Klimawandel uns noch jede Menge Probleme bereiten wird – die Welt wird nicht im Meer versinken. Maximal 1 m Anstieg des Meeresspiegels ist bis 2100 zu erwarten. Schlimm genug – aber kein Weltuntergang.

Club of Rome und Al Gore haben mit ihren falschen Prognosen die Weltmeinung gekapert. Die Mehrheit der heutigen Menschen glaubt tatsächlich, dass der Klimawandel unser Ende ist. Wenn das nun alle zum Handeln aufstacheln würde, um die Katastrophe zu verhindern, dann hätten die getürkten Zahlen zumindest ein positives Ergebnis.

Leider ist aber das Gegenteil der Fall. Lügen helfen in den seltensten Fällen, Panikmache führt in die Depression, Angst führt zu Pessimismus und der ist ein schlechter Ratgeber. Wenn die Welt sowieso untergeht, warum sollen wir uns noch für eine bessere Zukunft anstrengen? Warum recyceln, wenn die Weltmeere sowieso im Plastik versinken?

Bereits vor 185 Jahren nahm Johann Nestroy in Lumpazivagabundus die Schwarzseher mit seinem Kometenlied auf die Schaufel: Der Komet kommt, zerstört alles und „Die Welt steht nimmer lang, lang, lang, lang, lang, lang.“ – Al Gore a la 1833, da gab´s noch keinen Nobelpreis, aber immerhin einen Orden vom Kaiser. Positive Aussichten motivieren viel besser, sich für gute Ziele anzustrengen. Wenn Matthias Horx in seinen Megatrends belegt, wie bis 2050 die Lösungskapazität der Menschheit wachsen wird und danach die dann 9,5 Milliarden Menschen in ein neues globales Gleichgewicht einschwenken werden, dann ist das für mich sehr viel glaubhafter als alle falschen Prophezeiungen zusammengenommen.

Die Trendwende vom Schwarzsehen zum realistischen Optimismus vollzog sich im Jahr 2017. Als Folge der Pariser Klimakonferenz gibt sogar der Club of Rome in seiner neuesten Publikation („Wir sind dran") zu, dass man ja etwas tun kann, damit die Welt nicht untergeht. Halleluja! Dass ich diesen Sinneswandel noch erleben darf!

Zurzeit erleben wir einen - hoffentlich letzten - weltweiten Feldversuch in Sachen Panikmache. Mit Lügen, Drohungen und Panikmache ist die Trump-Administration an die Macht gekommen und jetzt fürchten viele, dass alles schiefgehen wird. In vier Jahren werden wir es wissen.

Ich würde darauf wetten, dass durch Trump nicht die Welt untergeht, sondern nur die Vormachtstellung der USA. Und das wird dem Rest der Welt herzlich egal sein.

II. Was können wir tun?

Was kann der einzelne tun?

Die Probleme der Welt sind so riesengroß, da kann der einzelne nur kapitulieren. Gerade wenn man von unseren oben beschriebenen schlechten Eigenschaften liest, gibt man keinen Pfifferling mehr auf die Zukunft der Menschheit. Vielleicht steht es ja im großen Buch des Schicksals längst geschrieben, dass die Menschen vom Antlitz der Erde verschwinden müssen, da sie dieser einfach nicht guttun.

Bevor wir also alle in Depression verfallen und uns „No Future" auf die Stirn tätowieren lassen, sollten wir die SAW-Säge nehmen und die Riesenprobleme in kleine verdaubare Häppchen zerteilen. Verdaubar ist das, was ein einzelner Mensch im Laufe seines Lebens zu leisten imstande ist.

Und das ist sehr viel! Ein einzelner Mensch kann die Welt verändern, seine kleine Welt. Er muss nur das Richtige tun:

Retten Sie Ihren Körper:

Jeder Mensch will gesund bleiben und wir wissen heute, was man dafür tun muss: sich viel im Freien bewegen, bedächtig und stetig dahinarbeiten, Stress vermeiden, sich Entspannungspausen gönnen, Spaß haben, Liebe machen, das tun, was man am liebsten tut. Unser Körper wurde für das Wandern in der Savanne gebaut und alles, was die Urmenschen dort taten, ist gesund. Beschaulich durch Graslandschaften wandern, viel Obst und Wurzeln essen, manchmal Fleisch und Fisch, viel schlafen, sich viel umarmen und streicheln, manchmal raufen, wenn es nicht anders geht. Außer einem Speer und einem Messer braucht der Mensch eigentlich nichts. Auf Gras schläft es sich wunderbar, Luft, Licht, Sonne und Wasser sind völlig umsonst und überall zu finden.

Einem Aborigine in Australien würde es nie einfallen, sich mehr als einen Speer auf die Schultern zu laden. Jedes Kind sucht dieses ursprüngliche Leben in der Natur und drum können Eltern nichts Besseres tun, als mit ihren Kindern zum Camping zu fahren.

Joachim Klöckner (Der kleine Minimalist) erklärt, wie man auch in der Zivilisation mit wenigen nützlichen Gegenständen problemlos auskommt.

Es ist evident, dass heute die meisten sehr ungesund leben. Unsere Zivilisation bietet uns jede Menge Dinge, die wir gar nicht brauchen und verwehrt uns das, wonach wir uns sehnen. Mit den vielen unnötigen Dingen zerstören wir die Umwelt, mit den ungeliebten Tätigkeiten uns selbst.

Heute schalten daher immer mehr Zeitgenossen auf artgerechte Menschenhaltung um: Sie arbeiten und hetzen weniger und schaffen sich ein persönliches Paradies.

Für meine Frau und mich ist das unser Garten. Am Zaun pflanzten wir vor 29 Jahren eine Hecke aus verschiedenen Laubsträuchern, die heute zwischen 1,5 und 4,5 m hoch sind. 3 verschiedene Laubetagen sorgen für Beschattung von 4 Sitzecken. Wir haben so viele Vögel und Schmetterlinge im Garten wie noch nie. Wir ernten Kiwi, Pflaumen, Weintrauben, Holler, Haselnüsse, Hopfen und frisches Gemüse in 5 Hochbeeten. Von unseren 300m2 könnten wir uns notfalls autark ernähren. Aus Altholz baue ich Kunstwerke, die den Insekten und Pilzen als Rückzug und Nahrung dienen. Verschiedenste Raupen, Bockkäfer, Rosenkäfer und Grasspinnen fühlen sich bei uns wohl, Igel und Eichhörnchen ebenfalls, der Hund spielt mit den Nachbarskatzen fangen. Meine Frau und ich wollen nirgendwo anders mehr hin.

Die Erde hat genug Land, dass jeder der 7,5 Milliarden Menschen zumindest einen Garten pflegen und sich davon gesund ernähren könnte. In der Stadt geht das auf Dächern und in Innenhöfen mit Töpfen und Säcken. Überall entstünden ökologische Inseln und die

Menschen hätten wieder genug Bewegung. Nebenbei verringerte sich der ökologische Fußabdruck, weil die teuren Flugreisen als Flucht vor dem Alltagstrott seltener würden.

Wir können es schaffen!

Wenn wir alle gemeinsam anpacken, können wir die Welt retten. Das will ich mit diesem Buch beweisen.

Damit bin ich natürlich nicht allein. Das Team von Harald Welzer und seinen Kollegen hat bereits zwei Bücher publiziert, die von lohnenswerten Zukunftsaktionen handeln. In Futurzwei schildern die Autoren die Initiativen, die es in Deutschland gibt, im Folgeband zeigen sie Beispiele aus aller Welt. Futurzwei 2017/18 beginnt mit einer kritischen Diagnose: Welzer weist nach, dass das kapitalistische Wirtschaftswachstum so nicht weitergehen kann, wenn die Erde nicht zerstört werden soll. Es ist nicht möglich, alle Länder auf den westlichen Standard zu heben. Dies würde mit wenigen Reichen in abgeschotteten Gated Communities enden, die sich alles leisten können, während die große Mehrheit in Armut und Umweltzerstörung versinkt. Wenn sich hingegen jeder an seinen begrenzten ökologischen Fußabdruck hält, dann muss die reiche Welt sich auf einen vorindustriellen Standard zurückentwickeln.

Klingt nicht gut – nach Armut und Rückständigkeit. Dann aber liest man über hunderte Basisinitiativen, die das Goethe-Institut in 90 Ländern der Welt gesammelt hat, und je länger man liest, desto schöner klingt die Zukunft und desto begeisterter wird der Leser von den vielen Möglichkeiten, eine gerechtere Welt zu erschaffen, an denen jeder teilhaben kann. Gleich ob es sich um alte Fischernetze aus Chile handelt, die zu Skateboards gepresst werden statt die Ozeane zu verschmutzen; um eine Forstkooperative in Remscheid, die immer größere Wälder mit immer vielfältigerem Baumbestand pflanzt; eine Straßenküche in Prag, wo obdachlose Frauen weggeworfene Lebensmittel verkochen; einen Schuster in Berlin, der uralte Taschen, Börsen und Schuhe wieder benutzbar macht; ein Repair-Cafe in Stuttgart, wo Elektrogeräte wieder in Gang gebracht werden, statt auf Sondermülldeponien in Afrika zu landen; ob in einer Baulücke in Weimar aus Altholz ein Restaurant auf Zeit entsteht; eine Schweizerin in Tunesien regionale Lebensmittel für den Jahresverbrauch in Privathäusern speichert; die Südtiroler Gemeinde Mals auf Pestizide verzichtet; eine Bauerngemeinschaft altes Saatgut wieder anpflanzt; das Ithaka-Institut aus Pflanzenabfällen Humus-Kohle erzeugt, die das CO2 reduziert; ein Minimalist mit einem Rucksack voller Dinge, einer Hängematte und einem leeren Zimmer auskommt; eine Gärtnerin den Berlinern beibringt, wie man aus den Bäumen der Stadtparks Säfte und Konfitüren gewinnt – all diese Initiativen haben eines gemeinsam: Man kann sie weltweit verbreiten, sie vermindern den Ressourcenverbrauch, sie machen Spaß und bringen die Menschen zusammen. Statt dem Bruttonationalprodukt wächst das Bruttoglücksprodukt. Statt der Umweltzerstörung wächst eine lebenswerte Welt, an der alle teilhaben und in die sich alle sinnvoll einbringen können.

Man verschlingt das Buch ganz schnell und ist dann überzeugt: Die Zukunft ist möglich, sie wird wunderbar und wunderbar einfach. Statt der Last der vielen Dinge, die wir gar nicht brauchen, wartet die Fülle der Möglichkeiten, die das Leben herrlich machen – wir müssen nur hier und heute damit starten!

Positives Denken

Nach hundert Jahren psychologischer Forschung ist es Common Sense: Mit positivem Denken erreicht man mehr als mit negativem Gejammer. Belohnung motiviert mehr als Bestrafung. Mit Mut und Selbstbewusstsein wächst der Erfolg, während Selbstzweifel und Angst Blockaden für die berufliche Entwicklung sind. Wer Karriere machen will, muss selbstbewusst auftreten, sonst braucht er gar nicht bei einem Bewerbungsgespräch zu erscheinen.

Von dem Wissen um die positiven Kräfte lebt inzwischen eine ganze Beraterbranche. Psychotherapeuten versuchen, den Angstneurotikern die Selbstzweifel abzugewöhnen. Coachs trainieren Erfolgshungrige in charismatischem Auftreten, Mentaltrainer machen Trainingsweltmeister durch Visualisierungen und Affirmationen zu echten Siegern. Das heißt nicht, dass ein naives „Es wird schon alles klappen" zum Gewinnen reicht. Vielmehr verlangt positives Denken heute ein breites Set an Werkzeugen, das für jede spezielle Anforderung die richtigen Strategien und Lernhilfen bietet.

Erfolgreiche Menschen haben Selbstvertrauen. Manche von Geburt an, weil sie Kinder von erfolgreichen Eltern sind, von denen sie sich die Erfolgsstrategien abschauen. Manche, weil sie in reiche Familien geboren werden, die ihnen vieles ermöglichen, was andere niemals erreichen können. Manche, weil ihre genetische Ausstattung ihnen ein Temperament beschert, das ihre Überzeugung fördert, immer alles im Griff zu haben. Die neue Wissenschaft der positiven Psychologie und der Resilienzfaktoren bestätigt, dass positive Erlebnisse Glück und Erfolg fördern, während negative Traumata zu Unglück, Krankheit und Misserfolg führen.

Kein moderner Personalchef, der seine jungen Mitarbeiter fördern will, würde heute noch folgenden Rat geben: „Wenn du Erfolg haben willst, mein Sohn, dann sammle möglichst viele Niederlagen und leidvolle Erfahrungen, denn dann bist du für die Härten des Lebens gerüstet." Das war einmal, stammt aus einer Zeit, wo man angepasste Anhänger haben wollte, und ist lange her.

Alle erfolgreichen Unternehmensgründer der letzten 150 Jahre waren von einer Vision begeistert, glaubten an sich und setzten ihre Vision mit viel Energie in die Tat um. Steve Jobs glaubte an den PC und an das I-Phone, Larry Page an die Google-Suchmaschine, Jeff Bezos an den Internet-Handel und Mark Zuckerberg an das soziale Netzwerk. Heute sind sie alle reich und stehen an der Spitze der Zukunftsentwicklung. Nach wie vor sprühen sie von Zukunftsideen und stecken ihre Anhänger und Mitarbeiter damit an. Wenn ein junger Nerd eine neue Idee hat, geben ihm die GAFAM-Giganten Startkapital, um am nächsten IT-Wunder mitnaschen zu können.

Die Magie des positiven Denkens wirkt bis jetzt aber nur auf der Ebene der Individuen und der Unternehmen.

In der Politik, auf der Ebene der Völker und Staaten, gilt immer noch das Gegenteil. Nur wer alles schlecht macht, gewinnt. Den Gegner anzukleckern ist schick. Je rüpelhafter einer auftritt, desto weiter kommt er nach oben. Trump, Putin und Boris Johnson sind die Helden der neuen Zeit, ganz egal, wie viel Unfug sie treiben. Mittelmäßige Politiker wie Erdogan versuchen neue Diktaturen aufzubauen, um ihre Länder zurück ins Mittelalter zu führen.

Wer es gar zu weltweiter Bedeutung schaffen will, der greift zum guten alten Rezept der Weltuntergangsszenarien. Mit dem Kampf gegen die bösen Kommunisten konnte der CIA jede Menge illegale Machtübernahmen finanzieren. Mit der „Achse des Bösen" trieb George W. Bush die USA in die unsinnigsten Kriege. Mit der „Bedrohung durch den Welthandel" macht Trump „America great again" und zerstört die internationale Diplomatie.

Negatives Denken ist eine selbsterfüllende Prophezeiung. Wer an das Unglück glaubt, dem widerfährt es auch. Zu Tode gefürchtet ist auch gestorben.

Wir können also an den Weltuntergang glauben, die Hände in den Schoß legen und in Ruhe abwarten, bis alles den Bach runtergeht.

Oder wir glauben an positive Visionen und setzen Himmel und Hölle in Bewegung, dass unsere positiven Ziele Wirklichkeit werden.

Die SAW-Vision

Ich persönlich ziehe positive Visionen vor. Selbst wenn diese nicht alle gleich klappen sollten, lebt es sich mit positiven Bildern wesentlich angenehmer. In der Gemeinde der SAW-Mitglieder gibt es eine Vision, wie der Weltuntergang verhindert werden kann.

<u>**SAW-Vision 1:**</u>

Kreativität ist die Chance:

Die Kreativität von 7 Milliarden gut ausgebildeten Menschen wird dazu führen, dass die Weltwirtschaft auf umweltfreundliche Technologien umsteigt und ein stabiles Mensch-Tier-Pflanzen-Ökosystem entsteht, in welchem der Mensch die Natur bewahrt und nutzt statt sie zu zerstören. Durch Demokratie und Grundrechtszertifikate werden jedem Erdenbewohner die Grundbedürfnisse soweit gedeckt, dass er sich mit voller Kraft und Motivation seinen Interessen widmen und damit seine Fähigkeiten dem Weltganzen optimal zur Verfügung stellen kann.

Das mag für viele Leser dick aufgetragen wirken. Viele werden sagen, das kommt ja doch nie, weil die Menschen unreif und egoistisch sind, die Machthaber korrupt und misanthropisch und die großen Weltverschwörer sowieso alles verhindern.

Mag ja sein. Menschen machen Fehler und in der Vergangenheit sind genug Katastrophen passiert. Aber wenn wir nicht einmal wissen, wo wir hinwollen, werden wir ganz sicher nie dort ankommen.

Schließen wir doch kurz die Augen und stellen uns folgendes vor: Die Zukunft wird großartig! Die Menschheit wird für jedes Problem eine Lösung finden und sich ständig weiterentwickeln.

Dann fallen einem schnell viele Bücher in die Hände, die diese Vision bestätigen:

In seinem Bestseller "Das Megatrend-Prinzip" weist der führende deutschsprachige Zukunftsforscher Matthias Horx mittels empirischer Datenanalyse nach, dass sich die Welt bis 2045 zum

Positiven verändern wird: Es wachsen schon jetzt der globale Wohlstand, die Bildung und die Bedeutung der Frauen. Wir werden immer älter und können immer individueller leben. Der Mensch der Zukunft lebt in großen Städten und ist global vernetzt. Dadurch wächst die Problemlösungskapazität der Menschheit exponentiell an, es gab noch nie so viele kluge Leute, die sich speziellen Lösungen widmen können, wie jetzt.

Wer von euch glaubt, dass die Welt in 50 Jahren besser sein wird als heute?

Dazu einige Stimmen aus der SAW-Gemeinde:

Marianne: „Ich glaube das wirklich - und nicht aus dem Grund, weil das Schlechte nicht mehr denkbar ist, sondern weil ich der Meinung bin, dass die Bewusstwerdung in großen Schritten Einzug hält."

Renate: „Informationen schaffen Wissen, Wissen schafft Bewusstsein, wenn dieses geteilt und weitergegeben werden kann, dann kann uns alles gelingen."

Christian: „Wir sollten zumindest versuchen, dieser Vision nahe zu kommen."

Humanität

Laut Hariri ist seit der Epoche der Aufklärung die Humanität die Religion der modernen Welt. Wir glauben an die Vernunft, an die Wissenschaft und an die Menschenrechte. Seit der französischen Revolution glauben wir an Freiheit, Gleichheit und Brüderlichkeit aller Menschen. Seit der amerikanischen Revolution auch an das Recht jedes Menschen, nach seinem Glück zu streben, was immer ein Mensch als sein Glück betrachten mag.

Kern der Humanitäts-Religion ist die Gleichwertigkeit aller Menschen.

<u>SAW-Vision 2:</u>

Neue Gleichwertigkeit:

Diese gilt in allen Lebenslagen. Alle Menschen sind gleich viel wert und haben das gleiche Recht auf ein erfülltes Leben. Das heißt, dass alle Bereiche gleich viel Wertschätzung und alle Menschen gerechte Bezahlung verdienen, gleich ob es sich um Babys, Kinder, Jugendliche, Erwachsene, Alte, Männer oder Frauen, Hetero- oder Homosexuelle, Einheimische oder Ausländer handelt. Dann müssen nicht nur Frauen gleich viel verdienen wie Männer sondern auch die von Frauen geführten Bereiche ähnlich hoch dotiert sein, als da sind: Kinderbetreuung, Erziehung, Familie, Pflege, Therapie, Konfliktlösung, Ästhetik, Soziales und harmonische Gemeinschaftsgestaltung. Die überschießenden Boni der Finanz- und Technikkonzerne gehören in die für alle Menschen wichtigen Bereiche umverteilt. Dann brauchen sich junge Eltern nicht mehr abzuhetzen, weil es genug Kinderbetreuungsplätze gibt; wachsen Kinder mit genügend Zuwendung auf; brauchen Frauen nicht mehr wegen jeder Schwangerschaft einen Karriereknick zu befürchten. Dann steigt das Glücksprodukt der Gesellschaft und werden psychische Krankheiten seltener.

Die Philosophie der Gleichwertigkeit wird die menschliche Kreativität fördern:

Der Mensch ist weder eine Maschine noch ein Computer. Wird er in mechanisierte Abläufe gezwängt, ist er unglücklich. Unser Alleinstellungsmerkmal ist Kreativität. Bald werden wir alle 7 Milliarden Gehirne brauchen, um kreative Lösungen für die neue Zeit zu entwickeln. Das tut nicht nur der Erde, sondern auch uns selber gut.

Die Philosophie der Gleichwertigkeit wird die soziale Unterstützung fördern:

Menschen sind süchtig nach Anerkennung. Nichts ist lohnender als ein freundliches Lächeln. Liebevoller Umgang miteinander wird bald die neue Währung der Welt sein, wichtiger als Geld. Zuwendung ist höchst wirkungsvoll: In vielen Orten gibt es Verkehrszeichen, die lächeln, wenn man sich an die Geschwindigkeitsbegrenzung hält. Meine Frau ist süchtig nach diesem Lächeln und bremst an jeder Ortseinfahrt, um so ein Lächeln zu ergattern. So werden die Straßen sicherer und die Autofahrer glücklich. Und allen ist geholfen.

Die Philosophie der Gleichwertigkeit wird die Emanzipation der Frauen fördern:

Nach 3500 Jahren Patriarchat und Krieg kehren die weiblichen Werte zurück: Liebe, Fürsorge, Schönheit, Harmonie und Diplomatie werden die Welt retten und eine Welt ohne Krieg schaffen, die es schon einmal gab, als matriarchalische Kulturen die Geburt höher schätzten als den Tod.

Die Philosophie der Gleichwertigkeit wird das Genießen der Zeit fördern:

Die Geschwindigkeit der Zeit hängt ab von der Bedeutung, die sie für uns hat. Da alte Menschen vieles nicht mehr so ernst nehmen, verfliegen die Jahre schneller. Wenn wir uns konzentrieren oder meditieren, können wir die Zeit verlangsamen. Wenn jeder Mensch der Herr seiner Lebenszeit ist, wird er jeden Moment genießen und sinnvoll gestalten wollen. Wollen wir im Trott überholter Gewohnheiten vegetieren oder ausbrechen und unser Leben selbst gestalten? Es gibt in Zukunft jede Menge Möglichkeiten, dem Hamsterrad zu entfliehen und Zeit für sich selbst zu gewinnen und für das, was das Leben lebenswert macht.

Viele Menschen sprechen von einem neuen Bewusstsein, das uns alle in eine bessere Welt führt. Andere tun dies als esoterischen Unsinn ab. Was aber, wenn diese bessere Welt tatsächlich kommt?

Gemeinwohl

300.000 Jahre lang haben die Menschen in kleinen Gruppen zusammengearbeitet, um das Überleben zu sichern. Jeder arbeitete dabei nach seinen Fähigkeiten; Ernte und Jagdbeute wurden geteilt, damit alle überleben konnten. Erst seit 200 Jahren teilt die Industrialisierung die Menschen in bezahlte Arbeiter und nutzlose Arbeitslose und definiert dadurch den Wert jedes Einzelnen.

Bald wird wieder jede Arbeit wertvoll sein, egal ob es sich um bezahlte Lohnarbeit oder unbezahlte ehrenamtliche Tätigkeit handelt. Entscheidend ist das Gemeinwohl. Dieses ist sinnstiftend für jeden, der die Tätigkeit ausführt, viel mehr als das Geld, das lediglich einen Zusatznutzen bringt. Unbezahlte, aber wertvolle Tätigkeit wird durch das Grundeinkommen abgesichert.

In vielen sozialen Initiativen breitet sich die Philosophie der Helping Hand aus:

Menschen außerhalb des Wirtschaftskreislaufs (Rentner, Asylbewerber, Jugendliche, Arbeitslose) stellen ihre Energie gemeinnützig zur Verfügung und schaffen damit Sinn für sich selbst und andere.

Dabei entstehen tolle Sachen:

Z. B. der Soziale Zaun in Darmstadt. Spender können dort etwas hinhängen, was sie nicht mehr brauchen - Bedürftige können es abholen. Eine simple Hilfe - gerade im Winter, der härtesten Zeit für Obdachlose, wenn viele mangels Nahrung und Kleidung erfrieren.

In manchen abgelegenen Orten mit schlechten Verkehrsverbindungen gibt es Sozialhaltestellen. Wer wegfahren will, nimmt dort auf einer Bank Platz. Wer mit dem Auto unterwegs ist, bleibt an der Haltestelle stehen und nimmt jeden mit, der in seine Richtung will. Die Ortsbewohner kennen sich meist und kommen bei den Fahrten ins Gespräch. Alte Menschen ohne Auto kommen so viel mehr unter die Leute.

Eine Ladenbesitzerin, die Inderin Minu Pauline, will nichts mehr wegschmeißen. Sie stellt vor ihrem Restaurant einen Kühlschrank auf. Wenn jemandem die Portion zu groß ist, stellt er den Rest in den Kühlschrank. Bedürftige dürfen das aufessen. Inzwischen stellen viele aus der Nachbarschaft Essen in den Kühlschrank und dieser ist immer voll, gleich wie viel Bedürftige sich daran bedienen.

In vielen Gastronomiebetrieben kann man Getränke oder Essen für andere bezahlen. Das bezahlte Essen steht auf einer Liste und wer kein Geld hat, bekommt es ohne jede Vorbedingung ausgehändigt. Dies macht alle glücklich. Der Wirt verkauft mehr, der Spender freut sich, weil er Gutes tut, der Empfänger freut sich über ein ehrliches Geschenk.

In Zeittauschbörsen stellt jeder kostenlose Stunden seiner Zeit zur Verfügung mit Tätigkeiten, die er gerne tut und gut kann. Auf seinem Zeitkonto sammeln sich so Guthabenstunden an, die er gegen die Zeit anderer tauschen kann. Ein Student schneidet vielleicht gerne Hecken, dafür bekommt er kostenlos von einem Friseur die Haare geschnitten.

Eine Initiative hat ein Generationenzeitkonto entwickelt. Junge Leute betreuen alte Menschen und helfen ihnen. Ihre Betreuungszeit wird ihnen auf ein Zeitkonto gutgeschrieben. Wenn sie dann selbst alt sind, lösen sie ihr Zeitkonto ein und werden ihrerseits von jungen Menschen kostenlos betreut. Mit diesem Modell würde sich die Gesellschaft die horrenden Kosten eines bald unfinanzierbaren Pflegesystems ersparen.

Das Gemeinwohl bedarf einer gerechten Finanzgesellschaft:

Durch drastische Verschärfung der Korruptionsgesetze wird weltweit mehr Geld für die Armen übrigbleiben. Zurzeit packt gerade der größte Bauunternehmer Brasiliens aus, damit er statt 20 nur 10 Jahre ins Gefängnis muss. Odebrecht, eine der größten Baufirmen der Welt, hat Präsidenten und Minister in einem Dutzend Länder Lateinamerikas mit insgesamt 785 Millionen Dollar bestochen. Die Machtelite Lateinamerikas, inklusive dem Präsidenten Kolumbiens und der Ex-Präsidentin Argentiniens, zittert und flüchtet schon in andere Kontinente. Europas größter Rüstungskonzern EADS wird gerade von Österreich wegen Bestechung beim Eurofighter-Kauf geklagt. Allein in Österreich standen und stehen viele Bankmanager, Minister und Politiker wegen Finanzskandalen vor Gericht, treten zurück, beenden ihre Karrieren und müssen Bestechungsgelder zurückzahlen. Die Paradise-papers rücken Steueroasen zu Leibe. Schwarzgelder in der Schweiz sind nicht länger ein Kavaliersdelikt.

SAW-Mitglied Margot:„Ja, jetzt kommt alles zum Vorschein und hat endlich Konsequenzen. Wenn der Zenit überschritten ist, gibt es Ausgleich, auch wenn die Menschen es nicht möchten oder sogar verhindern wollen. Die Gesetze des Bewusstseins über Materie und Antimaterie wirken in höchster Perfektion, an die wir alle angeschlossen sind. Es liegt an uns, sie uns bewusst zu machen und nach ihnen zu wirken und zu sein.“

Christian Felber beschreibt in seinen Büchern die Gemeinwohlökonomie als finanztechnisches System, das nicht die Bereicherung einzelner, sondern das Wohl aller zum Ziel hat. In Südtirol und in vielen Regionen Österreichs arbeiten viele Hotels, Betriebe und Bauernhöfe nach diesem Konzept, treffen sich regelmäßig und stimmen sich laufend ab, was sie unter Gemeinwohl verstehen. Felbers Konzept nimmt für sich in Anspruch, dass es die Exzesse des Neoliberalismus verhindert und die Einkommensschere verkleinert, vor allem aber für alle Menschen in den Wirtschaftskreisläufen zu höherer sozialer Zufriedenheit führt. Es ist eine Rückkehr zum Gemeinwohl, das in vielen Völkern vor der

Einführung des Kapitalismus üblich war. Meist gab es gemeinsames Land, das jedes Stammesmitglied bewirtschaften konnte und die Ernte wurde gerecht auf alle aufgeteilt.

Sogar die Römer pflegten Elemente des Gemeinwohls. Die Elite war zwar reich, musste aber möglichst viel Geld spenden, um politisch reüssieren zu können. In den römischen Städten waren Getreide, Theater, Thermen, Pferderennen und Gladiatorenkämpfe kostenlos. Die Armen hatten genug zu essen und konnten an allen Unterhaltungen teilnehmen. Solange dies funktionierte, florierte das Reich.

Bürgerbeteiligung

In Attersee am Attersee wehrte sich 2017 eine Bürgerinitiative gegen die Verbauung der zentralen Seepromenade, die das Ortsbild total verschandelt hätte.

Alle gewachsenen Orte in Österreich haben einen großen rechteckigen Platz als Ortszentrum. Der Kontrast von freiem Platz und interessanten Gebäuden ringsum macht die Schönheit österreichischer Siedlungen aus. Das Alleinstellungsmerkmal von Attersee liegt darin, dass der Platz direkt am Wasser liegt. Das ist meines Wissens einzigartig. Der Architekt des geplanten Gemeindezentrums hatte die ebenfalls einzigartige Idee, den Ortsplatz als potentielles Bauland anzusehen. Dass er damit das Alleinstellungsmerkmal von Attersee zerstört hätte, war ihm egal.

Die Bürgerbewegung verhinderte nicht nur diese unerwünschte Verbauung, sie setzte auch einen Plan B durch. Der Charakter des Platzes als Ortszentrum wird durch eine schöne Bepflasterung verstärkt. Der Platz wird zum Shared Space, in welchem die Durchfahrt nur im Schritttempo gestattet ist, weil jederzeit Feste, Märkte und Versammlungen stattfinden können. So erhält Attersee sein soziales Leben zurück.

Bereits vor 45 Jahren wurde in Salzburg die Bebauung einer wunderschönen Parklandschaft im Süden der Stadt verhindert. Dies war der Beginn der Öko-Bewegung in Österreich. 1979 verhinderten die Österreicher die Inbetriebnahme des einzigen Atomkraftwerkes des Landes und waren damit die Vorreiter der internationalen Anti-AKW-Bewegung, die 2010 den Atom-Ausstieg in Deutschland erreichte. 1984 verhinderte eine Bürgerinitiative die Verbauung der letzten intakten Donau-Au in Mitteleuropa, die heute als Naturschutzgebiet bewundert und bewandert werden kann.

Ähnliches geschieht in vielen Ländern Europas und der ganzen Welt, selbst im fernen China. Bald werden überall auf der Welt Initiativen das Zubetonieren schöner Landschaften verhindern und umstrittene Bauprojekte ohne Bürgerbeteiligung gar nicht mehr möglich sein.

Das Wissen der neuen Alten

In allen Kulturen wurden die Alten geschätzt, denn ihre Erfahrung war notwendig für den Zusammenhalt des Stammes. Nur ein paar überlebende Alte konnten die Zeit überblicken und das alte Wissen weitertradieren. Wenn nun die Welt überaltert (bald sind 40% der Menschen über 60, und alle Zeitungen sehen darin die nächste drohende Katastrophe), dann deshalb, weil die globale Welt diese Expertise dringend braucht!

Einzelleistungen wandern zu Maschinen ab, aber die soziale und geistige Integrationsleistung der Generalisten wird immer dringender gebraucht, damit die Welt nicht auseinanderfliegt. Strukturelle Intelligenz, die aus der Rückschau auf ein langes Leben entsteht, wird zum neuen Trumpf. Deswegen ist es wichtig, dass wir neuen Alten uns an der Diskussion beteiligen und uns einbringen als Mentoren, Ideengeber und Vermittler. Wenn wir den Mut entwickeln, dem rechnerisch immer näherkommenden Ende des Lebens gelassen, aufrechten Ganges und mit einer guten Portion Neugier gegenüberzutreten, können wir ein freud- und friedvolles Leben führen. Wenn wir Frieden schließen mit uns und unserem Umfeld, mit Nichtgelungenem und Gelungenem, bleiben wir lebendig und neugierig, unterstützen damit den Kampf der Jungen für eine bessere Welt.

Aber was ist mit Gebrechlichkeit, Demenz und unfinanzierbarer Pflege? Kann sich die Welt die Heerscharen nutzloser Alter überhaupt leisten?

Auch für dieses Scheinproblem gibt es jede Menge wunderbarer Lösungen. Bereits 1970 besuchte ich in Syracuse im Staat New York ein neues Wohnprojekt, wo junge Familien und Alte Tür an Tür wohnten. Die Alten wurden ganz schnell von den Jungen als Leihomas und –opas adoptiert. Die jungen Eltern hatten jederzeit Babysitter, mehr Freizeit und weniger Stress. Die Alten blieben durch den Kontakt mit den vielen Kindern jung. Man half sich gegenseitig: die Jungen schleppten schwere Einkaufskörbe, die Alten hatten ein offenes Ohr für Sorgen und standen zu jeder Tag- und Nachtzeit als Privattherapeuten zur Verfügung. Bereits damals war ich von diesem Modell begeistert.

Nach demselben System gibt es viele Kommunikationsmodelle, die Jung und Alt zusammenbringen. In Holland dürfen Studenten kostenlos in Altenheimen wohnen, wenn sie sich regelmäßig mit den Alten beschäftigen und das ist bei den derzeitigen Mieten ein sehr attraktives Angebot. In Wien gibt es eine Agentur, die junge Untermieter an Alte mit großen Wohnungen vermittelt, zu günstigen Preisen, versteht sich. Die Alten fühlen sich nicht mehr allein, es wird gemeinsam gekocht und gegessen, die Jungen sind erstaunt und interessiert, was die Alten so alles erlebt haben. In den USA zeichnet Regisseur Steven Spielberg mit seinen Mitarbeitern seit langem die Lebensgeschichten von Shoa-Überlebenden auf, damit deren Erfahrung nicht verloren geht. In Österreich schenken erwachsene Kinder ihren Eltern leere Tagebücher (Mama erzähl mal, Papa erzähl mal) die sie mit ihren Erinnerungen füllen sollen, damit ihre Enkel es einmal nachlesen können, wenn die Großeltern nicht mehr sind. Immer mehr Wissenschaftler begreifen, dass die Alten mit ihren

Lebensläufen riesige Bibliotheken sind, die man zeitgerecht erfassen muss, um die soziologische Datenbasis ständig zu vergrößern.

Den jungen, gesunden Alten ist das aber viel zu langweilig. In der Generation 60+ läuft derzeit ein riesiger Feldversuch in selbstbestimmtem Leben. Endlich können diese all das tun, wozu sie ein Leben lang nicht gekommen sind, wegen Kinderbetreuung, Geldverdienen, Hausbauen oder was auch immer. Viele haben sich etwas aufgebaut und wollen es jetzt genießen. Sie machen Reisen und sind die zahlungskräftigsten Kunden der Reisebüros. Manche treiben endlich Sport und laufen als 80-jährige einen Marathon. Andere schreiben, malen, musizieren und dürfen endlich kreativ sein. Wie Stieger (Freitätigkeit) schreibt, braucht jeder Pensionist einen sinnstiftenden Lebensinhalt, um glücklich zu sein, und spätestens nach dem durchlebten Pensionsschock suchen alle danach. Was macht mich glücklich, was finde ich toll? Das könnte ich jetzt doch den ganzen Tag machen!

Derzeit läuft auch ein weltweites Experiment mit dem bedingungslosen Grundeinkommen. Denn die Pension ist genau das. Man braucht sich um sein Geld keine Sorgen zu machen, das kommt jeden Monat aufs Konto. Wenn man viel gearbeitet hat, reicht die Pension für Essen und Wohnen aus und jeder Tag gehört einem ganz allein. Faul-Sein wird ganz schnell langweilig, man will sich nicht überflüssig fühlen, denn das verkürzt das Leben und fördert die Demenz. Also was könnte ich tun, um glücklich und wichtig zu sein?

Natürlich können wir Alten punkto Geschwindigkeit und Reaktionsschnelligkeit nicht mit den Jungen konkurrieren. Wir haben aber andere Fähigkeiten, die alle Kulturen unter dem Stichwort Weisheit zusammenfassen. Weisheit heißt nicht, dass wir bessere Menschen sind - wir haben aber die bessere Gesamtschau. Viele Gesetzmäßigkeiten kann man erst erkennen, wenn man eine Datenbasis von 70 Jahren und die entsprechende Fülle an Erlebnissen hat. Beeindruckend ist etwa das Leben von Israel Kristal, geboren 1903 in Polen, von den Deutschen im Ghetto eingesperrt, 1945 in Auschwitz mit 36kg befreit, ausgewandert nach Haifa und

2016 vom Guinness-Buch der Rekorde zum ältesten Mann der Welt erklärt. Der Mann steckte Hitler, Stalin und alle anderen Politiker des 20. Jhdt. in die Tasche und hatte seinen Enkeln und Urenkeln jede Menge zu erzählen.

Wir Alten werden bald die Mehrheit der Menschheit sein (in Japan ist das jetzt schon so). Die Jungen werden weniger und ihre Fähigkeiten werden von der künstlichen Intelligenz der Computer übernommen. Die Fähigkeit der kritischen Generalisierung und Analogiebildung wird aber noch lange eine menschliche Aufgabe bleiben. Israel Kristal konnte zweifellos von den zeitgebundenen Moden der Monarchisten, Faschisten und Kommunisten abstrahieren und aus den Erfahrungen des 20. Jhdt. die Essenz der conditio humana destillieren. Deswegen liebten ihn seine Enkel und allein dafür zahlte sich sein langes Leben aus.

Wenn wir den Medizinern glauben wollen, wird es bald viele Hundertjährige, ja sogar 130- und 140-Jährige geben. Endlich haben wir dann die Datenbasis für Langzeitstudien, die für viele Themen das einzige Erkenntnisinstrument sind. Ein derart langes Leben wird uns zwingen, unsere Perspektive immer wieder zu wechseln, damit uns nicht langweilig wird. Da die Falsifizierung der einzig sichere Pfad der Wissenschaft ist, werden die Neuen Alten noch sehr viele Falsifizierungen vornehmen. Sollte ich mit meinen 64 Jahren noch 40 Jahre leben (das ist durchaus im Bereich des Möglichen), dann werden wahrscheinlich alle Erkenntnisse von heute Schnee von gestern sein. Allein das ist ein Grund, warum ich, wenn irgendwie möglich, 100 Jahre alt werden möchte.

III. So retten wir unsere Zukunft

Energie im Überfluss

Seit 1972, seit den mahnenden Berechnungen des Club of Rome, wird immer wieder und immer wieder neu das schlimmste Schreckensszenario an die Wand gemalt. Die Weltwirtschaft wird abstürzen, weil uns unweigerlich die Energie ausgeht. Wenn erst einmal der Peak Oil überschritten ist, und der kommt wie das Amen im Gebet, droht der Rückfall in die Steinzeit. Die Rohstoffe der Welt sind für unsere gierige Menschheit einfach nicht ausreichend. Wir bräuchten 3 oder 4 Planeten Erde, wenn wir unseren Lebensstandard aufrechterhalten wollen.

Das klang sehr logisch, wenn man von den im Jahr 1972 bekannten Ölvorkommen ausging. Die Lagerstätten von Saudi-Arabien, Iran, Irak, Kuweit und Venezuela würden in 30 Jahren verbraucht sein, das war völlig klar. Und dann wäre es eben aus mit dem Wirtschaftswunder. Danke, Dennis Meadows, für diese glorreiche Erkenntnis.

Die Apokalypse, die ursprünglich für das Jahr 2000 berechnet war, wurde immer wieder hinausgeschoben, da in der Nordsee, in Mexiko, Brasilien, Nigeria und in der Tiefsee immer neue Ölvorkommen entdeckt wurden. Tja, dann würde die Welt halt erst 2010 oder 2020 untergehen, aber untergehen würde sie.

Jetzt haben wir 2018 und folgende völlig unerwartete Situation: Der größte Ölproduzent der Welt sind die USA, weil sie das Öl aus Schiefergestein gewinnen. Saudi-Arabien wird nervös, weil sein Öl gar nicht mehr so gefragt und Arabien als Bündnispartner für Amerika obsolet geworden ist. Wer hätte das noch vor 10 Jahren gedacht?

Schlimmer noch. Alle Welt ist sich seit Paris 2015 einig, dass wir zwei Drittel des Öls in der Erde lassen müssen, wenn wir den Klimawandel aufhalten wollen. Und auf Grund von Sonne, Wind und Wasser ist das auch gar kein Problem.

Sonnenenergie und Geothermie sind die größten Energiereserven unseres Sonnensystems und sie sind unerschöpflich – jedenfalls für die nächsten 500 Millionen Jahre und das ist ein durchaus angenehmer Zeithorizont. Erst dann wird der Peak Sonne überschritten sein. Bis dahin haben wir wahrscheinlich viele andere Planetensysteme besiedelt, Wurmlöcher durchwandert und das Rätsel der Zeit gelöst, also brauchen wir uns darüber heute noch keine Sorgen zu machen.

Warum musste uns Dennis Meadows derart verschrecken, dass mein seliger Vater im Jenseits seit 20 Jahren Lachkrämpfe über seinen einst wissenschaftsgläubigen Sohn bekommt?

Lachen Sie nicht, aber es gibt inzwischen viele Bücher, die behaupten, der Club of Rome sei eine Unterabteilung der großen Weltverschwörung, deren einziger Zweck es sei, die Menschheit in Dummheit und Abhängigkeit zu halten, damit die Reichen weiter ungestört abkassieren können.

Das ist zwar eine abstruse Verschwörungstheorie, erscheint mir aber inzwischen gemessen am Wahrheitsgehalt der damaligen Prognosen gar nicht so abwegig.

Wie auch immer. Tatsache ist, die Menschheit hat mehr Energie zur Verfügung, als sie jemals wird aufbrauchen können. Man muss sie nur effizienter und umweltschonender einsetzen. Man heizt heute ja auch nicht mehr mit verkohlten Baumstämmen wie im Mittelalter (Daran erinnert noch der Name von Deutschlands Ex-Präsident Köhler) Warum soll man also das Weltklima weiterhin mit Kohle und Öl aufheizen, wenn es genug erneuerbare Energie für alle gibt?

Ja, aber, sagen die Energiebosse seit Jahren. Mit Wind und Wasser bringen wir unsere Wirtschaft nicht zum Laufen. Ist zwar nett und ökologisch, reicht aber bei weitem nicht.

Inzwischen haben viele Bosse den Punkt übersehen, wo sie noch die Kurve hätten nehmen können. Auf Grund der Energiewende ist der Strompreis in Deutschland von 7 Cent auf 3 Cent gefallen. Ein Bauer in Peru klagt RWE auf Schadensersatz, weil durch das Aufheizen mit Kohle die Gletscher in den Anden schmelzen und sein Dorf bald vom Schmelzwasser ausgelöscht werden wird. Wenn RWE diesen Prozess verliert, droht eine Prozesslawine von allen untergehenden Inselstaaten, allen Dürreopfern, den Erdrutschgeschädigten, und, und, und… Die großen Energiekonzerne Deutschlands suchen händeringend nach den Gewinnmöglichkeiten der Zukunft. Die fetten Jahre sind vorbei. Wenn sie nicht aufpassen, sind einige in 5 Jahren konkursreif.

Denn die Konkurrenz schläft bekanntlich nicht.

Und die Konkurrenz, das sind wir alle. 7 Milliarden intelligente Menschen, die es satthaben, jedes Jahr eine saftige Stromerhöhung einzustecken, gegen die wir uns nicht wehren können.

Wir können.

Und wir tun es.

Wir stellen Solarpaneele auf unsere Dächer und machen uns unseren Strom selber. Dafür werden wir jetzt noch mit Netzgebühren bestraft, denn die Energiekonzerne müssen ja schließlich auch von etwas leben. Aber bald werden sich die ersten vom Netz abkoppeln und dann ist auch die Netzgebühr passe.

Aber der Ökostrom bedroht doch die Energiesicherheit! Wenn der Wind in der Nordsee bläst, kann niemand den Windstrom brauchen. Wenn die Wirtschaft brummt, herrscht Windstille und Nebel und wir haben einen Blackout!

Bullshit! In 5 Jahren wird ganz Mitteleuropa ein einziger Energiespeicher sein, der sich bei Wind- und Sonnenspitzen auflädt und den Strom bei Bedarf wieder abgibt.

Bis dahin werden alle E-Mobile, alle Häuser, alle Kühlschränke, alle Geräte und alle Fabriken Speicheraggregate haben, um energieautark zu sein. Die Mühlviertler Firma Kreisel Electric baut revolutionäre Batterien, die durch ein intelligentes Kühlsystem die Batteriekapazität vervielfachen. Tesla hat durch die Zusammenschaltung vieler kleiner Batterien die E-Mobile effizient gemacht. Die Salzburg AG speichert die thermische Energie von Hitzeperioden in den Bodenplatten der Gebäude und hält diese damit den ganzen Winter über energieautark. Bald werden die Gebäude selber zu Strom- und Wärmespeichern und die Pufferung von Energiespitzen wird das Normalste von der Welt sein. Gar nicht zu reden von so altbackenen Sachen wie Pumpspeicherkraftwerken, die es jetzt schon in jedem Gebirgstal gibt.

Also kommt schon, ihr Energiebosse, ihr wisst es besser! Energie bleibt erhalten, das ist ein Kernsatz der Physik. Den Rest erledigt der Erfindergeist der Ingenieure und die haben bis jetzt noch jede Aufgabe gemeistert.

Nicht zu vergessen der Wirkungsgrad, der bei elektrischen Anlagen 80% und mehr beträgt, bei fossilen Motoren hingegen nur 40% oder weniger. Abgesehen davon, dass wir Verbrennungsmotoren bald nicht mehr brauchen werden, benötigen wir bei ökologischen Anlagen viel weniger Energie, da wir diese viel effizienter nutzen können.

Nebenbei gesagt, die Energiequellen sind grenzenlos: Solarpanele, thermische Sonnenkraftwerke, Windräder, Gezeitenkraftwerke, Wellenkraftwerke, Wasserkraftwerke, Geothermie, Klima-Erdspeicherkraftwerke, Meerestiefenströmungskraftwerke, Biogasanlagen, Bakterienkraftwerke, Algenkraftwerke, Magnetlinienkraftwerke, Sonnenwindkraftwerke und, und, und…

Aber was das alles kostet!

Auf keinen Fall mehr als die sinnlos verpulverte Förderung der Atomkraft, deren Folgekosten alle jemals damit erzielten Gewinne auffressen werden.

Allein durch die Streichung der derzeitigen Subventionen für Kohle, Atomkraft, Benzin und Diesel würden genug Mittel frei, um alle erneuerbaren Energieformen der Zukunft gewinnbringend zu entwickeln.

So schaut´s aus!

Bis jetzt gleicht die weltweite Energiewirtschaft einem Bauherrn, der all sein Geld in ein einsturzgefährdetes Haus investiert, das am Ende doch zusammenbricht, anstatt sich zu günstigeren Preisen ein wunderschönes neues zu leisten.

Wenn Dummheit weh täte…

E-Mobilität

Man glaubt es kaum, aber die ersten Autos fuhren elektrisch. Z.B. die ersten Modelle von Ford, die man in jedem Mickey Mouse Heft noch als klappriges Gefährt von Oma Duck bewundern kann. Die Straßenbahn hieß überall „Die Elektrische“, die Elektrifizierung der Bahn läutete das moderne Zeitalter ein. Erst nach einigen Jahren erschien den Konstrukteuren der Otto-Motor effizienter, da Öl und Benzin billig zu haben waren und eine hohe Reichweite garantierten. (Die Propaganda des Öl-Monopolisten Rockefeller war an diesem Sinneswandel nicht ganz unschuldig). 100 Jahre lang gewöhnten sich die Autobauer an die Verbrennungsmotoren und konnten sich gar nichts anderes mehr vorstellen. Man würde die Motoren immer effizienter und abgasärmer machen, aber alle anderen Antriebsformen hielt man für Träumerei.

Bis der VW-Dieselskandal alle aus ihren Träumen riss und sich zu einem weltweiten Diesel- und Verbrennungsschwindel auswuchs. Plötzlich setzt VW-Chef Müller auf Elektrifizierung und viele andere folgen ihm. Toyota hat schon seit Jahren auf Hybrid- und Wasserstoffmotoren gesetzt und ist in diesem Antriebsweg wohl nicht mehr einzuholen.

Tesla hat das E-Mobil salonfähig gemacht, Tesla-Fahrer schwärmen davon, wie leise und schnell die Motoren beschleunigen, man braucht keine Gangschaltung, kein Getriebe, keinen Vergaser und überhaupt kaum Reparaturen. Tesla ist zwar in der Anschaffung noch teuer, der Strom ist aber viel billiger, weil sein Wirkungsgrad doppelt so hoch ist wie der eines Verbrennungsmotors und viele Super-Charger auf Autobahnraststätten in 20 min kostenlos aufladen. Die Kfz-Werkstätten fürchten sich schon, denn sie werden in Zukunft mit Reparaturen kaum mehr etwas verdienen, denn bei E-Mobilen wird kaum etwas kaputt.

Eine IT-Firma in Zell am See schießt den Vogel ab und zeigt, was mit ein bisschen Hirnschmalz möglich ist. Als erstes sparte sie Stromkosten durch die Installierung von Solarpanelen auf den Firmendächern. Die produzierten so viel Solarstrom, dass er an Nachbarfirmen verkauft werden konnte. Da immer noch zu viel Strom da war, installierte die Firma Stromtankstellen und schuf sich E-Mobile an. Jeder Mitarbeiter und jeder Kunde durfte sein E-Mobil kostenlos aufladen, während er arbeitete oder sich beraten ließ. Das sprach sich natürlich herum, brachte neue Kunden und ermunterte viele Kunden, auf E-Mobile umzusteigen. Schlussendlich dachten sich die Ingenieure der Firma: „Warum teure Teslas kaufen, das können wir doch selbst viel besser!“ Sie ließen alle überflüssigen Teile weg, die man für die E-Mobilität gar nicht braucht und konstruierten ein günstiges und elegantes E-Mobil, dessen Teile sie im 3D-Drucker ausdrucken und selbst zusammenbauen. Das neue Gefährt geht gerade in die Serienreife und wird der Renner des heurigen Sommers werden, während Tesla mit seinem neuen Modell Lieferschwierigkeiten hat.

So einfach geht es, weil E-Motoren prinzipiell einfach und stabil sind.

Aber was ist mit der Reichweite? Die ist doch viel zu gering!

Drei Bastler-Brüder im rückständigen Mühlviertel haben dieses Problem längst gelöst und flüssigkeitsumströmte Batterien gebaut, die ein Mehrfaches der Kapazität der Tesla-Batterien haben. Heute haben E-Mobile schon 500 km Reichweite, mit den Kreisel-Batterien werden es bald 1000 km sein.

Aber es gibt ja kaum Strom-Tankstellen und wenn man erst eine findet, steht man dort ewig. Stimmt nicht, sagt die Salzburg AG und baut in allen 119 Salzburger Gemeinden Super-Charger, die ein Auto in 15-20 Minuten aufladen. Da geht sich locker ein Kaffee an der Raststätte aus und schon kann man weiterfahren.

Nachdem sich nun alle großen Autofirmen auf die E-Mobilität stürzen, werden in ein paar Jahren gebrauchte Benziner rasant an Wert verlieren, weil sie keiner mehr haben will. Mein Nachbar hat schon einen Super-Charger in seinem Carport, er kann jederzeit mit geladenem E-Mobil wegfahren und macht auch seine Außendienste damit.

In Norwegen fährt bereits ein Drittel aller Autos mit Strom. Norwegen will bis 2025 die Verbrennungsautos von der Straße verbannen, obwohl es ein Ölförderland ist. Das Ziel wird leicht erreicht werden, weil E-Mobile durch Steuererleichterungen gefördert werden und Benziner inzwischen in der Erhaltung zu teuer sind.

Aber was nutzt das E-Mobil, wenn der Strom aus einem Kohlekraftwerk kommt?

Norwegen hat auf Grund seiner Berge so viel Wasserkraft, dass es den Strom bereits zu 100% ökologisch erzeugt. Es ist so viel Ökostrom übrig, dass sogar die Schiffe elektrifiziert werden. In allen

Häfen werden die Schiffe mit Strom aufgeladen, für Fischer und Fähren reicht die Reichweite allemal. Kreuzfahrtschiffe fahren mit Hybridmotoren, wenn der Strom alle ist, schalten sie auf traditionelle Verbrennung um.

Die Energiewende

Die meisten Länder der Erde haben konkrete Pläne, wie sie aus der fossilen Energie aussteigen wollen. Greenpeace schlägt folgende Generallinie vor: Ausstieg aus der Kohle bis 2030, aus dem Öl bis 2040, aus dem Erdgas bis 2050. Wenn dies weltweit gelingt, kann das Klimaziel von maximal + 2 Grad eingehalten werden.

Jahrelang fühlten sich die OECD-Länder als Vorreiter der Energiewende, machten schöne Pläne und jammerten über China und Indien, die mit ihren Kohlekraftwerken die schöne Bilanz zunichtemachten.

Nun aber dreht sich der Wind. Auf Grund der hohen Luftverschmutzung in seinen Städten hat es China ganz eilig, seine Kohlekraftwerke abzuschalten, damit es zu keinen Volksaufständen kommt. China ist der führende Produzent von Solarpanelen und nach Trumps Kündigung des Klimavertrags ist es plötzlich der Vorreiter der Klimawende.

Indien hat dasselbe Smog-Problem in seinen Städten und besinnt sich auf sein traditionelles Wissen. Kleinbauern und traditionelle Handwerker kommen mit wenig fossiler Energie aus. Deswegen erscheinen die fossilen Sackgassen der Industrieländer nun gar nicht mehr attraktiv.

Afrika wird das fossile Zeitalter völlig überspringen und vom Handwerk direkt ins Ökostrom-Zeitalter wechseln. Äthiopien wird das erste Land Afrikas sein, das seinen Strom zu 90% aus Wasserkraft gewinnt. Marokko baut die größten

Solarthermenkraftwerke der Welt. Die Wüste von Südmarokko ist dafür der ideale Platz. In 20 Jahren werden die Sahara-Länder so viel Sonnenstrom produzieren, dass sie Europa und den Nahen Osten damit versorgen können. Eine Fläche von der Größe Österreichs, bedeckt mit Solarkraftwerken, reicht aus, um den Strombedarf der ganzen Welt zu decken! Wer da noch Öl verbrennt, ist selber schuld.

Die Bewohner der arabischen Länder werden sich daher von Ölscheichs in Stromscheichs verwandeln. Die riesigen Wüsten der Sahara und der arabischen Halbinsel haben so viel Platz für Solarkraftwerke, dass sich die Araber um die Post-Öl-Ökonomie keine Sorgen machen müssen. Sie werden auch in 50 Jahren noch die Energieversorger der ganzen Welt sein, das Öl dabei aber als strategische Reserve in der Erde lassen.

Warum dürfen die Ölkonzerne das Öl nicht verbrauchen, wo es doch so ein gutes Geschäft ist?

Abgesehen von der Klimaerwärmung, sind Öl und Kohle im Bodengestein die wichtigsten Klimasenken und steuern seit 500 Millionen Jahren das Weltklima. Als vor 300 Mill Jahren riesige Wälder entstanden und langsam zu Steinkohle verrotteten, entzogen sie der Luft so viel CO2, dass die Erde zu einem Schneeball abkühlte. Dasselbe geschah vor 600 Mill Jahren, als die sterbenden Meeresbakterien im Schlamm versanken und zu Öl wurden. Wir leben seit 3 Millionen Jahren in einer Eiszeit, wo sich die Gletscher bis New York und Frankfurt ausdehnten und nur in kurzen Zwischeneiszeiten wieder ins Polargebiet zurückzogen. Die Feuerbrände, die Urmenschen seit 70.000 Jahren entfachen, haben wahrscheinlich die Entstehung einer neuen Eiszeit hinausgeschoben. Irgendwann wird sie aber kommen und dann müssen wir Öl und Kohle verbrennen, wenn New York nicht in einem Gletscher versinken soll, wie der Film „The Day after“ so dramatisch darstellt. Dann müssen noch genug Brennstoffe in den fossilen Lagerstätten vorhanden sein. Dasselbe gilt, falls ein Supervulkan ausbricht, was im Yellowstone-Park oder in Neapel jederzeit passieren kann. Dann käme es zu einem mehrjährigen globalen Winter, gegen den das Jahr

1816 harmlos war und auch dann müssten wir mit Heizkraftwerken gegensteuern. Deshalb dürfen die Heizkraftwerke nur eingemottet, nicht aber abgebaut werden.

Wissenschaftler nennen dieses Vorgehen „Geoengineering", die Steuerung des Klimas durch menschliche Aktivität. Wie Harari (Kurze Geschichte der Menschheit) zeigt, halten menschliche Aktivitäten seit 10.000 Jahren das Klima so stabil, wie es in der Erdgeschichte selten war. Seit 200 Jahren läuft das menschliche Feuer etwas aus dem Ruder und deshalb müssen wir auf die Bremse treten, bis wir die Klimaprozesse so gut verstehen, dass wir das Klima in menschenfreundlicher Weise stabilisieren können.

Das Geoengineering hat übrigens nicht der Mensch erfunden. Schon die Bakterien haben das Klima beeinflusst. Erst durch die Cyanobakterien ist die Sauerstoffatmosphäre entstanden, die das heute bekannte Leben ermöglicht. Bevor die Bakterien lernten, Kohlenstoff und Sauerstoff zu trennen und davon zu leben, bestand die Erdatmosphäre nur aus CO2 und Stickstoff. Dahin wollen wir nicht mehr zurück. Aber das Leben beeinflusst die Atmosphäre, seit es Leben gibt, und da ist der Mensch keine Ausnahme.

Ökologische Landwirtschaft

In ihrer Verzweiflung über das viele CO2 in der Luft fassten die Techniker viele Pläne, wie man den CO2-Gehalt in der Luft wieder senken könnte. Man könnte Eisenspäne im Meer verteilen, damit das Algenwachstum anregen und mehr CO2 im Meer binden. Man könnte mit Flugzeugen kleine Partikel in der Atmosphäre verteilen, die das Sonnenlicht reflektieren und dadurch die Erde wieder abkühlen. Bei jedem dieser „Geoengineering"-Pläne warnen die Biologen, dass die Folgen für die Ökosysteme unberechenbar seien und man deshalb den Teufel mit dem Beelzebub austreibe.

Es ist ein menschlicher Zug wenn auch ein lächerlicher, dass die Techniker immer glauben, sie müssten etwas erfinden, was es in der Natur noch nicht gibt. Das Gegenteil ist wahr! Die Natur arbeitet seit Anbeginn der Zeit mit Geoengineering und hat uns alle Pläne hinterlassen, die wir brauchen. Die neue Wissenschaft der Bionik lehrt uns, dass es viel besser ist, der Natur das nachzumachen, was sie lange vor der Entstehung des Menschen erfunden hat.

Die Paläoontologie zeigt folgendes: Die Kohlenstoffsenke ist das wichtigste Steuerungselement, mit dem die Natur seit Jahrmillionen das Klima beeinflusst. Wer die Erde abkühlen will, muss den Kohlenstoff im Boden einlagern (Dann entstehen Kohle, Erdöl und Erdgas). Wenn man die Erde erwärmen will, muss man Kohle zu CO2 verbrennen. So einfach ist das. Wir haben allerdings 50 Jahre gebraucht, um diesen Kreislauf zu verstehen und ernst zu nehmen.

Doch bereits vor 500 Jahren haben die damals führenden Wissenschaftler der Welt die Kohlenstoffsenke entdeckt. Die Europäer haben nur nichts davon bemerkt. Denn ein gewisser Herr Orellana hat auf einer Schiffsreise den Amazonas abwärts diese Wissenschaftler alle umgebracht, bevor sie uns ihre Erkenntnisse mitteilen konnten.

Die Erfinder der Kohlenstoff-Senke waren die Amazonas-Indianer, die im Jahre 1541 vom Spanier Orellana entdeckt wurden, als er vom Quellgebiet des Amazonas flussabwärts bis zu dessen Mündung segelte. Er berichtete von blühenden Städten und fruchtbaren Feldern und glaubte, das El Dorado, das sagenhafte Goldland, gefunden zu haben. Als Jahre später der nächste Spanier den Amazonas hinabsegelte fand er gar nichts und bezichtigte Orellana der Lüge. Sein El Dorado wurde ins Land der Märchen verwiesen.

Archäologen haben inzwischen herausgefunden, dass Orellana recht gehabt und es die blühende Amazonas-Kultur tatsächlich gegeben hat. Leider hatte Orellana aber das Pocken-Virus im Gepäck, und das brachte alle Amazonas-Indianer um.

Über Jahrhunderte hatten die Amazonas Indianer eine blühende Ackerbau-Kultur geschaffen, indem sie die riesigen Regenwald-Bäume fällten und zu fruchtbarer Erde verfaulen ließen, der Terra preta. Da der Dschungel-Boden sehr dünn und karg war, war er für Ackerbau ungeeignet (Das hat Monsanto bis heute nicht kapiert und ruiniert die Böden durch Soja-Anbau, der nach wenigen Jahren unrentabel wird). Durch die verkohlenden Bäume schufen die Indianer eine meterdicke Humus-schicht, in der Mais, Bohnen, Kürbis und Kartoffel prächtig gediehen. Sie machten vor 500 Jahren das, was wir heute mit Hochbeeten und Perma-Kulturen versuchen. Wenn man möglichst viel Kohlenstoff in den Boden bringt, dann wächst das Gemüse wie wild.

Die fruchtbare Terra preta gibt es noch den ganzen Amazonas entlang, auch wenn ihre Schöpfer vor 500 Jahren ausgestorben sind. Und, was für das Klima relevant ist – die Terra preta entzieht der Luft so viel CO2 wie Kohlenflöze und Erdöllager.

Die Konsequenz aus dieser vergessenen History-Story ist bestechend einfach. Wenn man das CO2 aus der Luft gekommen will, muss man viele Hochbeete und Perma-Kulturen anlegen. Je mehr Humus im Boden ist, desto weniger erhitzt sich das Erdklima.

Das spricht nun eindeutig für die biologische Landwirtschaft und für den sorgsamen Umgang mit der Humusschicht. Je mehr wir den Boden biologisch düngen, desto dicker wird die Humusschicht und desto weniger erhitzt sich die Erde.

Erwähnenswert ist hier ein neues Produkt der Firma Saubermacher aus Graz, der größte Altstoff-Verwerter Österreichs mit ca. 3.000 Mitarbeitern. Sie entwickelten das Hochbeet für „Alle“, auf Rädern, das auch in einen Lift passt und liefern dieses sogar mit Erde aus. Hat eher die Geometrie einer Mülltonne. „Ist der Balkon noch so klein, es geht immer ein Hochbeet rein“, ist der neue Tagesspruch.

Eine weitere wichtige Entwicklung in diesem Zusammenhang ist das Trockenklo. Lachen Sie nicht! Unsere Scheiße kann die Welt retten!

Einige österreichische Studenten, die ein Open-Air-Konzert genießen wollten, regten sich maßlos über die grauslichen Plastik-Chemie-Klos auf, die zum Himmel stanken und vor denen man sich auch noch mit zugehaltener Nase anstellen musste, um das eben getrunkene Bier wieder loszuwerden. Kurz entschlossen bauten sie schönere Klokabinen aus gutem österreichischem Fichtenholz, die leicht zerlegt und wiederaufgebaut, also auch leicht transportiert werden können. Das Geschäft wird auf einer Schicht aus Rindenmulch erledigt, der die festen von den flüssigen Ausscheidungen trennt. Mit dem Urin kann man sofort düngen, den Kot bringt man dann auf die Felder aus, wenn er nicht mehr streng riecht. Dann hat er sich nämlich in Humus verwandelt. Nach diesem Modell werden 7 Milliarden Menschen zu erstklassigen Terra-preta-Produzenten. In Ländern ohne Kanalisation (z.B. Indien) können die Trockenklos die Humusschicht sehr schnell und effizient dicker machen. Das ist die einfachste CO2-Senke der Welt.

Dasselbe kann man natürlich auch mit den Ausscheidungen der Nutztiere machen. Nachdem deren Biomasse neunmal so groß ist wie die der Menschen, geht mit Trockenklos von Kühen die Humusproduktion noch schneller voran. (Bevor sie aberwitzige Kuhklo-Fantasien kriegen – die meisten Kühe werden in Ställen gehalten, wo die Kühe auf Gittern stehen, die den Urin durchlassen, die Fladen aber zurückhalten).

Diese einfache Form der Kohlenstoffsenke klappt aber nur mit biologischer Landwirtschaft. Die industrielle Landwirtschaft bewirkt genau das Gegenteil. Der Boden wird umgepflügt und mit Pestiziden vergiftet, Staub wird in die Luft geblasen, der Wind verträgt den Humus und die Humus-Schicht wird dünner. Erst langsam begreifen die Biologen, wie die konventionelle Landwirtschaft den Treibhaus-Effekt anheizt.

Die Rettung Afrikas

Die Bevölkerung Afrikas wird sich bis 2050 auf 2,5 Milliarden Menschen verdoppeln – wenn wir Afrika weiter im Stich lassen. Alle Nationalisten Europas fürchten sich schon vor dem Flüchtlingsansturm, der dann über uns hereinbrechen wird und gegen den das Jahr 2015 wie ein mildes Mailüftchen wirken wird.

Soweit muss es aber nicht kommen. Afrika hat derzeit Wirtschaftsraten von 4,5% pro Jahr und Länder wie Äthiopien, Uganda und Kenia holen rapide auf. Der Rückstand Afrikas ist eine Folge der kolonialen Zerstörung funktionierender Wirtschaftssysteme und einer völlig verfehlten Entwicklungshilfe, die vor allem den Interessen europäischer Konzerne und korrupter afrikanischer Eliten diente. Um sich zu entwickeln, braucht Afrika keine riesigen Staudämme und keine teuren Atomkraftwerke, sondern Hilfe an der Basis, wie sie Karl Böhms Hilfswerk „Menschen für Menschen“ mit wenig Geld in Äthiopien organisierte.

Die Afrikaner sind nämlich gar nicht so dumm und primitiv, wie uns die Kolonial-Propaganda jahrzehntelang weismachen wollte. Bevor die Europäer alles zerstörten, hatten sie reiche Königreiche mit funktionierenden Wirtschaftskreisläufen. Ghana war lange das reichste Königreich der Welt (Fauvelle 2017).

Um Afrika zu retten braucht es nicht High-Tech, sondern Low Tech (Prof. Lesch, Bayern Alpha).

Afrika wird derzeit vor allem mit privaten Spenden gerettet. Sollten sich die Multis und die Staaten endlich entschließen, der Spur des Erfolges zu folgen, bevor China den Kontinent beherrscht, ginge es ganz schnell.

China baut im Austausch für Rohstoffe Afrikas Infrastruktur auf, wenn gewünscht liefert es die Arbeiter gleich mit. Es hat den Kontinent nie ausgebeutet und gilt daher als seriöser Geschäftspartner. Wenn Europa nicht aufpasst, haben wir 2050 einen chinesischen Hinterhof vor der Haustür, der von der KPCH beeinflusst wird, die uns dann nach Belieben Flüchtlingswellen schickt, wenn wir uns dem Einfluss der neuen Großmacht nicht fügen.

Wir sollten also bald das negative Bild vom „bösen und faulen" schwarzen Mann aus unseren Köpfen bekommen, das die Kolonialmächte in unseren Hirnen verankert haben, um von ihrer Ausbeutungspolitik abzulenken. Die Afrikaner sind genauso schlau und fleißig wie wir. Sie haben den Homo sapiens schließlich erfunden.

Die gute Nachricht:

Die Entwicklung Afrikas durch Low Tech geht ganz einfach und sie geht über die Frauen, wie überall auf der Welt.

Derzeit sind die meisten Frauen Afrikas den ganzen Tag über damit beschäftigt, kilometerweit zu Wasserstellen zu laufen und spärliches Feuerholz zu sammeln, mit primitiven Mitteln die Felder zu bearbeiten, um ihren Familien auf rauchenden Feuern ein Essen kochen zu können. Für Bildung haben die wirklich keine Zeit, das müssen ihnen die Männer gar nicht erst einreden. Verhütungsmittel aus Apotheken können sie sich auch nicht kaufen, denn erstens gibt es dort keine Apotheken und zweitens haben die Frauen dafür kein Geld. Aus diesen einfachen Tatsachen ergibt sich Afrikas derzeitige Geburtenrate von 4,5 Kindern pro Frau, was in 30 Jahren zusätzliche 1,3 Milliarden Menschen ergibt, die dann gar kein Feuerholz und kein Wasser mehr finden, ergo nach Europa flüchten.

Diese vorsintflutliche Plackerei der Frauen kann mit einfachsten Mitteln beendet werden.

1. Brunnen bohren: Darum kümmern sich schon viele NGOs und werden dies hoffentlich weiter tun. Dann müssen die Frauen für das Wasser nicht so weit laufen

2. Wasser abkochen: Dies geht ganz einfach mit leeren Plastikflaschen, die man mit verschmutztem Wasser füllt und in die Sonne legt. Durch die UV-Strahlen werden die Bakterien im Wasser abgetötet. Die österreichische Firma Helioz hat ein solarbetriebenes UV-Messgerät entwickelt, eine Art Wecker, der anzeigt, wann das Wasser lang genug in der Sonne gelegen hat und ohne Gefahr für die Gesundheit getrunken werden kann. Damit verschwinden in kürzester Zeit Cholera- u Typhus-Epidemien, die Kindersterblichkeit sinkt und die Frauen müssen nicht doppelt so viele Kinder gebären, als sie wollen, damit ein paar wenige überleben.

3. Solarkocher: Diese schauen ähnlich aus wie eine Satellitenschüssel und bündeln die Sonnenstrahlen im Brennpunkt, in den man den Kochtopf hängt. Als Kinder haben wir mit Brillengläsern Feuer gemacht. In der Hitze Afrikas funktioniert das Erhitzen mit Sonnenstrahlen noch viel schneller. Ergo: kein mühsames Holzsammeln mehr, das Afrikas Umwelt zerstört.

4. Solarlampen: Wieder brauchen sich die Frauen nur Plastikflaschen vom Müll zu holen, dazu billige Solarlichter, wie sie jeder Gärtner in seinem Garten hat. Man bohrt ein kleines Loch ins Dach, steckt das Solarlicht hindurch, sodass nur das Minipanel am Dach zur Sonne ausgerichtet wird und steckt von innen die Plastikflasche über das Led-Licht. Schon haben die Familien den ganzen Abend ein erleuchtetes Haus.

5. Billige Verhütungsmittel: Diese können von den NGOs in den Dörfern verteilt werden. Sogar Identitäre würden dafür Geld spenden, wenn sie damit die Afrikaner von Europa fernhalten können. Die meisten Afrikanerinnen wünschen sich schon jetzt nur 2 Kinder. Wenn sie billig verhüten können, wird die Geburtsrate Afrikas sich auf die Stabilitätsrate von 2,1 Kindern absenken und die Weltbevölkerung bleibt bei 9 Milliarden stehen.

6. Kostenlose Bildungsprogramm per Handy. Wenn die Frauen ihre Zeit nicht mehr mit unnötigen Tätigkeiten aufbrauchen, werden sie sich fortbilden. Die meisten Afrikaner haben schon jetzt ein Handy, bald wird es keine mehr ohne geben. Mit den kostenlosen Bildungsprogrammen, die schon jetzt von vielen Internetuniversitäten ins Netz gestellt werden, wird der Bildungsstand der Afrikanerinnen rapide steigen. Das ist meist auch das Ende der patriarchalischen Strukturen.

7. Fahrräder: Schon jetzt wird Afrikas Wirtschaft durch Fahrräder revolutioniert. Bauern schaffen es, bis zu 15 lebende Hühner an ihr Fahrrad zu hängen, um sie auf dem nächsten Markt zu verkaufen. Mit Lastenrädern können sie jedes heimische Produkt zum Markt bringen. So entwickelt sich ganz von selbst die lokale Wirtschaft, die Einheimischen können wieder von ihren Produkten leben und werden dann nicht mehr die lebensgefährliche Reise durch die Sahara nach Libyen antreten, wo sie von Menschenhändlern versklavt oder von Schleppern dem Ertrinken im Mittelmeer preisgegeben werden.

8. Eine Zollunion Europa-Afrika zu fairen Bedingungen: Bis jetzt setzt Europa unfaire Handelsbedingungen durch, um seine Fleischberge, Milchseen und abgelaufenen Medikamente den Afrikanern anzudrehen und Afrikas Küsten leer zu fischen. Sie zerstören damit die afrikanische Landwirtschaft und verursachen die Flüchtlingswellen. Dies muss aufhören und Europa für afrikanische Produkte geöffnet werden. Dann entwickelt sich Afrikas Wirtschaft ganz von selbst und braucht keine verlogene „Entwicklungshilfe“ mehr.

Noch Fragen?

Ökologische Nahrungssicherheit

Ziehen wir die Konsequenz aus obigen Erkenntnissen, dann ergibt sich folgendes Bild:

Die Ernährung von 9 Milliarden Menschen wird im Jahr 2050 durch eine vielfältige Kombination aus moderner Agrartechnik und traditionellem Anbau gesichert. Die Erde wird nicht mehr umgepflügt, um den Humus zu schonen und Staubverwehungen zu vermeiden. Jeder Großbetrieb ist von vielen traditionellen Kleinbauern umgeben, die von dessen Technik und Vermarktungsinfrastruktur profitieren und gleichzeitig die Umwelt schonen. ("Die Zeit", 5.2.2017). Die Vertreibung von Kleinbauern durch Großkonzerne und das Anlegen von Monokulturwüsten wird gesetzlich verboten. Die Produktion von Biosprit ist einzustellen, da es sich dabei um eine große Öko-Lüge handelt. Das Roden des Dschungels zum Anlegen von Palmölfeldern wird geächtet (siehe den Film „Landraub" von Kurt Langbein).

Biologen bereiten eine 2. grüne Revolution vor. Durch neue Züchtungen kann die Photosynthese von Nutzpflanzen um 20% erhöht werden und zwar ohne Gentechnik, Pestizide und Herbizide. Entsprechend viel Boden kann dann im Naturzustand belassen werden (Die Presse am Sonntag, 12.2.2017).

Bauern in Afrika und Indien pflanzen Bäume neben ihren Nutzpflanzen. Dadurch bilden sich neuer Humus und neues Grundwasser. So wird die Bewässerung der Felder auf natürlichem Weg gesichert ohne Technologie und chemische Bodenverseuchung. Wenn das alle tun, brauchen wir uns um Nahrung und Wasser für die Welt keine Sorgen mehr zu machen. (Die Zeit, 26.1.2017). Bauern, die ein paar Kühe und einen Stall besitzen, können aus dem Dung Biogas erzeugen und somit Strom. (Es genügt, die Misthaufen mit einfachen Plastikplanen zu überdachen, an deren Spitze das Methan gesammelt wird.) Den Methanstrom können sie zum Kochen, für Beleuchtung und Elektrogeräte nutzen und somit brauchen sie keine rauchenden Feuer in ihrer Hütte, die für die Augen und Atemwege ungesund sind.

Die Regierung Ugandas hat 1 Million Flüchtlinge aufgenommen und jeder Flüchtlingsfamilie ein kleines Stück unbebauten Landes geschenkt. Diese Flüchtlinge kosten der Regierung gar nichts, da sie alle Biogärten angelegt haben, von denen sie sich ernähren und deren Produkte sie auf den Märkten verkaufen. Die Wirtschaft Ugandas ist dadurch signifikant gewachsen. Nach demselben System ließe sich auf der ganzen Welt eine Kleinbauernwirtschaft errichten, und der Hunger von derzeit 800 Millionen Menschen wäre passe.

Die Biobodengenossenschaft Bochum kauft in ganz Deutschland Flächen auf und verpachtet sie an Biobauern für 30 Jahre oder mehr. Dadurch werden die Grundstücksspekulation rund um die Städte eingedämmt, die Biodiversität gesichert und die Landschaften erhalten und es wird der Bodenversiegelung entgegengewirkt. Nach 8 Jahren hat die Genossenschaft schon 1700 Mitglieder, die mit ihren Anteilscheinen 465 Hektar Boden gerettet haben.

In allen Ländern der Welt werden Bioabfälle, menschlicher Kot und tierischer Dung zur biologischen Düngung der Felder verwendet. Das macht Chemie-Dünger überflüssig und jeder Kleinbauer kann mit einfachsten Mitteln seine Erträge steigern und langfristig die Humus-Schicht dicker machen. Damit wird mehr CO2 in den Boden gebracht, als mit allen verrückten Kohlenstoff-Senkungsideen zusammengenommen.

Neue Raumordnung

China, Indien, die USA und Europa mit zusammen 3,5 Milliarden Menschen hätten allesamt in Afrika Platz. Es mangelt der Menschheit also nicht an Raum, denn allein die ungenutzten und schlecht bewirtschafteten Flächen Afrikas würden reichen, um 4 Milliarden Menschen zu ernähren. Afrika könnte, wenn es erst entwickelt ist, der Garten der Welt werden, der mit seinen blühenden Landschaften alle ernährt.

Dann würde aber Afrikas Großfauna keinen Platz haben und aussterben. Damit sind wir beim wichtigsten Thema der Zukunft:

Einer intelligenten Raumordnung, die genug Raum für Mensch, Tier und Natur schafft.

Dabei wird uns ein Trend helfen, der bis dato als Hauptursache der Naturzerstörung gilt: Die Landflucht gepaart mit der Verstädterung. Im Jahr 2050 werden mehr als 50% der Menschen in großen Städten leben, in China sogar 80%. Shanghai, Nanking und Hangzhou werden zu einer Gigapolis von 100 Mill. Menschen verschmelzen. Ebenso ist geplant, dass im Gebiet rund um Peking bald 150 Mill. Menschen leben werden. Ähnliches wird in Indien, Ägypten, Indonesien und allen anderen dicht bevölkerten Regionen geschehen. China steuert allerdings der Zerstörung der traditionellen Strukturen im ländlichen Raum entgegen. Rufwork, eine Initiative von Architekten, baut mit traditionellen Materialien (Bambus, Holz) öffentliche Räume in den Dörfern, die die Traditionen bewahren und doch Bezug zu den neuen städtischen Zonen schaffen. Ziel ist eine neue Stadt-Land-Kommunikation, die das Beste aus beiden Welten für ein neues China bewahrt.

Auch in Europa beklagen Demoskopen, dass immer mehr Menschen vom Land in die Städte ziehen und dass entlegene Gegenden menschenleer werden. In vielen Dörfern der Peripherie leben nur mehr Alte und es ist nur eine Frage der Zeit, bis diese wegsterben. Dieses Phänomen findet man in Alpentälern, im Wald- und Mühlviertel, ebenso in vielen Dörfern Frankreichs. Geht man dort spazieren, findet man in der Garrigue verwilderte Terrassen, die noch Obst- und Olivenbäume haben, aber offensichtlich nicht mehr bewirtschaftet werden. Ebenso sind viele Almen wegen Unwirtschaftlichkeit aufgegeben.

Was soll an der immer stärker werdenden Landflucht so toll sein?

Viele Probleme sind nicht erkannte Lösungen. Die derzeit von allen Medien beklagte Landflucht ist eine dieser großartigen Lösungen, die ganz von selbst kommt, keinen Cent kostet und Millionen Euro Kosten erspart. In Italien gibt es 1500 verlassene Dörfer, in der Schweiz gibt man viele Täler auf, in denen niemand mehr wohnen will, Almen wachsen zu, weil sie niemand mehr bewirtschaftet. Eine tragische Geschichte!

Doch was geschieht in den von Menschen verlassenen Gegenden? Die Natur holt sich das Land zurück, Bäume und Sträucher wachsen in die Höhe, Tiere gewinnen neue Reviere, Beutegreifer kehren zurück, es entsteht das ursprüngliche Ökosystem der Urwälder, so wie es war, bevor der Mensch alles zerstört hat.

Das ist übrigens schon mehrmals geschehen. Der viel bewunderte Amazonasdschungel ist gar nicht so naturbelassen, wie man geglaubt hat. Flugarchäologen haben im Nordwesten Brasiliens Grundrisse einer einst riesigen Zivilisation entdeckt, die offensichtlich wieder aufgegeben und vom Dschungel überwuchert wurde. Botaniker schließen aus der Verteilung von Nutzpflanzen im Brasilianischen Urwald, dass es überall im Dschungel Ackerbauzivilisationen gegeben hat, denen ein gleiches Schicksal beschieden war. Jeder kennt die von Urwaldriesen bewachsenen Tempel der Maya. Ähnlich ist es in Hinterindien, das vor 1000 Jahren von Thailand bis Vietnam vom Reich der Khmer bewirtschaftet wurde, die statt des Dschungels eine riesige Bewässerungslandwirtschaft erschufen.

Der Mensch hat zwar nie viel von Nachhaltigkeit verstanden, aber nachhaltig ist seine Zivilisation keineswegs. Weisman (Die Welt ohne uns) hat berechnet, wie schnell die von Menschen geschaffene Landschaft verschwinden würde, sollten wir an einer Seuche aussterben.

Sollen wir etwa auf unsere schöne deutsche Landschaft verzichten? Wenn die Bauern die Feldern nicht mehr mähen, dann versteppt doch alles!

Ist das wirklich der Untergang unserer Kulturlandschaft? Oder ist es nicht vielmehr der Beginn der Rettung der Natur?

Besagte Kulturlandschaften gibt es nämlich erst seit 500 Jahren, als sich die Menschen so vermehrten, dass sie auch entlegene Täler und

Hänge für die Landwirtschaft urbar machten. Das war damals notwendig, da sich 90% der Menschen nur von der Landwirtschaft ernähren konnten und daher immer neue Flächen roden mussten. Nun, da es attraktivere Jobs gibt und dies vor allem in der Stadt, werden die unrentabelsten Nutzflächen als erstes wieder aufgegeben.

Das ist kein Grund zum Jammern! Die Natur erhält die Brachlandschaften wieder zurück, die sie in 99,9% der historischen Zeit hatte. Pflanzen und Tiere können sich ungestört vermehren. Raubtiere, wie Bären, Luchs und Wolf kehren zurück. Für die Ernährung der Menschen sind diese Flächen leicht zu entbehren, denn die grüne Revolution konzentriert sich auf die leicht zu bebauenden fruchtbaren Ebenen.

Die hochgelobte bäuerliche Kulturlandschaft ist keineswegs die ursprüngliche Natur, auch wenn wir uns daran gewöhnt haben, unseren Blick über abgeerntete Felder schweifen zu lassen. Der technisierte Ackerbau mit Pflug und Mähdrescher ist reine Agrarindustrie und zerstört die natürlichen Ökosysteme. Naturfreunde weinen beidem keine Träne nach.

Wie funktioniert ein ökologischer Staat?

Bei aller Überheblichkeit – der Mensch hat die Staatenbildung keineswegs erfunden, sondern ist noch ein purer Anfänger in der Organisation komplexer Massen. Die Insekten sind uns da Millionen Jahre voraus. Ameisen und Termiten haben die Erde schon lange vor uns mit Staatswesen überzogen. Ihre Biomasse übertrifft nicht nur die der Menschen, sondern sogar die der meisten Wirbeltiere. Dabei zerstören die Ameisenstaaten die Natur nicht, sondern haben einen sinnvollen Platz in den diversen Ökosystemen gefunden. Ameisen sind organisierte Reste- und Schädlingsverwerter, ihre Staaten bilden die globale Müllabfuhr. Recycling ist ein modernes Schlagwort, aber erfunden haben die Wiederverwertung die Ameisen und das bereits vor Jahrmillionen.

Ein Ameisenhaufen ist im Verhältnis zur Körpergröße der einzelnen Ameise zwar beeindruckend groß, im Verhältnis zum Wald aber verschwindend klein. Das heißt, die Ameisen bedrohen den Wald nicht, sondern nutzen ihm und damit auch sich selbst.

Die Ameisen waren sogar die ersten Bauern, und dies schon vor Millionen Jahren. Sie schneiden im Dschungel 15 % der Blätter von den Bäumen und legen damit unterirdische Pilzgärten an, von denen sie dann leben. Ebenso züchten sie dort Blattläuse die sie im Frühling auf die Bäume transportieren und regelmäßig melken. Ackerbau und Viehzucht funktionieren also seit langem in einem sinnvollen ökologischen Gleichgewicht.

Der Ameisenstaat ist das evolutionäre Modell, wie Staaten von Lebewesen in Synthese mit den Ökosystemen funktionieren können. Recycling ist dabei nur eine Möglichkeit, die auch der Mensch sinnvoll nutzen kann. Viel stärker noch kann die Kreativität des Menschen die Ökosysteme zu ständiger Neuorganisation herausfordern und damit die Evolution beschleunigen. Der Mensch behält seine Daseinsberechtigung, wenn er sich als Motor der Evolution betätigt, nicht als deren Zerstörer. Dies tut er bereits in vielfältiger Weise: als Züchter, Landschaftsgestalter, Gentechniker. Dazu kommt im 21. Jhdt. die Möglichkeit, als Architekt globaler Ökosysteme zu wirken und damit die Welt zum Positiven zu verändern. Diese Aufgabe wird uns erst langsam bewusst. Wir haben die Erde nicht zur Ausbeutung bekommen, sondern zur sinnvollen Gestaltung.

Belebte Flächen

In allen Ländern zieht es die Touristen in mittelalterliche Stadtkerne, deren besonderer Charme ein wunderbares Lebensgefühl vermittelt. 2017 besuchten wir Riquewihr im Elsass, ein liebliches Städtchen mit Fachwerkhäusern, Schani-Gärten, Stadtmauern, Türmen und Weinbergen ringsum. Es war so schön, dass es schon kitschig wirkte.

Autos hatten in den engen Gässchen keine Chance, denn die waren voller Menschen, die sich an diesem selten gewordenen Anblick einer lebenswerten Stadt ergötzten.

Im Mittelalter machte Stadtleben frei. Innerhalb der Stadtmauern durften alle arbeiten, Geld verdienen, feiern, flanieren und mit den Nachbarn tratschen. Das war der Beginn der Stadtkultur, die sich um die ganze Welt ausbreitete.

Aber was haben wir heute vielerorts? Die autogerechte Stadt, voller Blech und Abgase, die Fußgänger sind an den Rand gedrängt, vom Lärm betäubt und von Feinstaub vergiftet. Das ist nicht mehr die Stadtluft, die frei macht.

Aber langsam erobern sich die Bewohner ihre Städte zurück.

Mehrmals im Jahr besetzen die Salzburger ihre Straßen, die sonst voll von parkenden und stauenden Autos sind. Auf einer der Hauptverkehrsadern wird grüner Rasen ausgerollt, Sesseln und Sofas werden aufgestellt, die zum Verweilen einladen. Holzgestelle in Autogröße demonstrieren, wieviel öffentlichen Raum ein einziges Automobil verbraucht (in jedem Gestell haben locker 10 Fußgänger Platz). Unterstützt vom Verkehrsforscher Knoflacher demonstriert der Verein Fairkehr, dass die autogerechte Stadt einfach nicht funktioniert, sondern eine Illusion ist. Ich stell mir dann immer vor, dass die großen Hauptstraßen untertunnelt werden und oben Platz für Fußgänger, Radfahrer, Kaffeehäuser und Schanigärten ist.

In vielen Städten darf man nur mehr zu Fuß, mit Öffis oder mit dem Fahrrad unterwegs sein. In Leipzig muss man inzwischen vor rasenden Radlern auf der Hut sein. Fußgängerzonen breiten sich aus und machen die Stadtplätze wieder zu Erlebniszonen. In Wien kaufen sich die jungen Leute kein Auto mehr, weil es sinnlos geworden ist und man mit der U-Bahn sowieso überall schneller hinkommt. Ein Öffi-Jahresticket um 365 € ist billiger als jeder private Verkehr.

In Köln kann sich jeder Kasimir ausleihen, ein dreirädriges Lastenrad, wo vor der Lenkstange in einer großen Kiste sogar ein Kontrabass Platz hat. Perfekt für alle Städter, die kein Auto haben und nahezu kostenlos. Im Internet kann man die Zeit buchen, die man braucht und schon geht's los. Lasten bis 300kg können damit transportiert werden. In Berlin fährt jeden Samstag ein Paketmobil durch den Berliner Kiez und durch Prenzlauer Berg. Jeder kann alte Sache dort hineingeben oder sich herausholen, was ihm gefällt. So wird vieles wiederverwertet, schöne alte Gegenstände landen nicht im Müll und Sammler finden kostenlos, was ihnen fehlt!

In Peking herrschte jeden Winter beißender Smog wegen der vielen Kohleöfen und Benzinautos. Im letzten Jahr hat die Regierung die Kohle- durch Gasöfen ersetzt und das Fahren von Benzinern und Dieselautos im Winter verboten. Erstmals haben die Pekinger im Winter wieder saubere Luft und können ohne Atemmaske auf die Straße gehen.

Ich selbst fahre seit 50 Jahren mit Fahrrad und Zug zur Arbeit und kann das nur empfehlen. Der Weg zur Arbeit ist mein integriertes Sportprogramm, das mich auch im Alter noch fit hält. Einfacher geht's nicht.

Urban Farming

In den letzten Jahrzehnten sterben die Innenstädte aus, während rund um die Städte ein Speckgürtel entsteht, weil sich die Stadtbewohner wieder nach Natur sehnen und im Grünen leben wollen. Das ist für die Raumordnung eine Katastrophe, denn es müssen immer mehr Straßen, Kanäle und Leitungen gebaut werden, während die schönen Altbauten im Zentrum verfallen.

Schuld daran ist das Raumordnungsmodell der Ford´schen Stadt, das im 20. Jhdt. dem Städtebau zugrunde lag. Man trennte Arbeit, Wohnen und Freizeit, schuf Gewerbegebiete, Einkaufszentren und

Wohnsiedlungen und verband alles mit möglichst breiten Straßen. Dieses Modell ist allerdings am Ende, denn es frisst Boden und Ressourcen im Eiltempo und macht die Menschen unglücklich.

Der neue Bautrend heißt Verdichtung. Man versucht, die Leute wieder im Zentrum anzusiedeln, indem man die verbleibenden Brachflächen möglichst dicht verbaut. Aber auch das funktioniert nicht, denn die Wohnungen sind extrem teuer und die Bewohner protestieren weiterhin, weil sie sich nach Natur und sozialem Austausch sehnen.

In vielen Städten machen sich die Bewohner ihre Lösungen selber und langsam begreifen auch die Stadtverwaltungen den neuen Trend, genannt Urban Farming.

Die Lösung ist einfach. Die Bewohner bepflanzen die verbliebenen öffentlichen Flächen mit Gemüse und Blumen. Da die Flächen öffentlich sind, tun sie dies gemeinschaftlich. Die ganze Stadt wird zu einem riesigen Schrebergarten, die Leute betätigen sich an der frischen Luft, reden miteinander, feiern und genießen die Feldfrüchte miteinander. Der öffentliche Raum der mittelalterlichen Stadt kehrt in die Stadt zurück. Es gibt bereits Städte, z.B. Andernach am Rhein, die die gesamten öffentlichen Räume für Urban Farming freigegeben haben. Deren Bewohner sind die glücklichsten. Und im neuen ökosozialen Raum sprießen die Ideen.

In Orlando, Florida betreibt eine Fahrradtruppe in dutzenden Kleingärten Minifarmen und baut dort Blumen und Gemüse an. Die Besitzer der Gärten dürfen einen Teil der Ernte behalten, der Großteil versorgt auf dem örtlichen Markt die Leute mit frischem Biogemüse. Das Konzept wurde in Canada erfunden und von verschiedenen Orten in den USA übernommen. Die Farmen ersetzen die Rasen der Vorgärten und sparen damit hunderte Liter Benzin ein, die sonst beim Rasenmähen verbraucht werden.

In Melbourne, Australien, werden auf den Dächern der Großstadt Bienenstöcke aufgestellt und betreut, die von den Blüten der Balkone leben. In Australien gibt es keine Varroamilben. Den Bienen werden zwei Drittel ihres Honigs belassen, was sie äußerst robust macht. All dies dient der Rettung der Bienen, die für ein Drittel der menschlichen Nahrung mitverantwortlich sind.

Im größten Gefängnis der Welt, im Gaza-Streifen, leben fast 2 Millionen Menschen in einer Betonwüste und dürfen ihr Land nicht verlassen. Dennoch machen einige Bewohner von Gaza das Beste daraus und bepflanzen ihre Dachgärten. Sie forschen an der Maximierung der Erträge auf kleinstem Raum und können von ihren Gärten leben. Also selbst eine apokalyptische Situation muss noch lange nicht das Ende sein.

In Berlin-Gatow hat eine Zukunftsstiftung einen 2000 m2 großen Gemeinschaftsacker angelegt, auf dem jeder Berliner mitarbeiten kann. Der Acker versorgt über 100 Berliner mit Gemüse und Getreide. Dieser Acker entspricht der Bodenfläche, die pro Mensch und Jahr verbraucht wird, hauptsächlich für Viehfutter und Biosprit. Ein Europäer verbraucht 2700 m2 ein Afrikaner nur 1700 m2. Wer auf diesem Acker arbeitet, begreift sofort, wieviel Fläche jährlich nutzlos verschwendet wird.

Urban Farming wird richtig explodieren, wenn erst die vielen Flachdächer dafür freigegeben sind. Deutschlands Flachdächer haben 1200 Millionen m2 und könnten durch Bepflanzung 112 Millionen Tonnen CO2 binden.

Viele stadtnahe Bauern leben von der Solidarischen Landwirtschaft: man kauft einen Ernteanteil und bekommt ihn dann vom Bio-Bauern geliefert. Dieses System wurde 1960 in Japan erfunden und gedeiht schon in über 100 Städten weltweit.

Urban Farming breitet sich auch in den Entwicklungsländern aus und ist nicht an moderne Technik gebunden. In den Slums von Nairobi/Kenia füllen die Bewohner Plastiksäcke mit Erde und ziehen darin Gemüse. Von diesen Plastikgärten können sich schon 250.000 Menschen ernähren.

Wie ich noch zeigen werde, wird Urban Farming die Städte der Zukunft völlig verändern.

Grüne Städte

Der Mensch will heute beides haben: die sozialen Vorteile der Stadt und ein Haus im Grünen. Dafür steht er etwa 2 Stunden täglich im Stau und schluckt Abgase. So wichtig ist uns das, aber effizient ist es nicht.

In Zukunft wird man das Auto nicht mehr brauchen und gleich in einer wunderschönen grünen Stadt leben, wo man sein Obst im Garten ernten, zu Fuß in seine Kneipe und zur Arbeit gehen kann.

Wie soll das gehen? Können Architekten zaubern?

Sie können. Wenn sie es nur wollen:

In Mailand erfand der Architekt Boeri vertikale Wälder. Auf den Balkonen seiner Hochhäuser wachsen Bäume. Die Balkone sind so versetzt angelegt, dass die ganze Fassade zu einem Wald zusammenwächst. Die Bewohner leben in einem Hochhaus und gleichzeitig im Wald.

In vielen Städten gibt es bereits Vertical Farming. Die Hochhausfassaden werden mit Drahtseilen überzogen, an denen sich Kletterpflanzen hochranken, bis die ganze Fassade begrünt ist. Wenn man will, kann man auf diese Weise Tonnen von Bohnen und Linsen ernten.

In Taipeh entsteht ein Hochhaus aus lauter Terrassen, auf denen 23.000 Bäume gepflanzt werden. Diese können 130 Tonnen CO2 aufnehmen und sollen den Smog der Großstadt bekämpfen. Bald wird man nur mehr so bauen!

In China wird derzeit die erste Green City für 200.000 Einwohner gebaut. Diese verbindet alle Ideen der Vertical Cities, besteht aus Terrassenhäusern, der Verkehr verläuft unterirdisch.

Aber was wäre, wenn die Architekten noch einen Schritt weiterdächten? Was wäre, wenn man die menschlichen Bauten analog zum menschlichen Körper bauen würde, mit vielen Funktionen übereinander geschichtet, sodass jede Energie mehrfach genutzt würde und nichts verloren ginge? Die Natur arbeitet seit Jahrmillionen so, und die systemische Bionik ist dabei, unsere Wirtschaft nach dem Modell des Dschungels umzuorganisieren. Dazu ein tolles Buch: Gebeshuber: „Wo die Maschinen wachsen".

Dies führt zu meiner Vision der Stadt der Zukunft:

SAW-Vision 3:

Vertical Eco-Cities:

Die Menschen leben in pyramidenförmigen Terrassenbauten, jeder hat seinen eigenen Reihenhausgarten, die Oberfläche ist zu 100% begrünt. Geschäfte, Betriebe, Industrie, Verkehr, Versorgung und Veranstaltungsbereiche sind im Inneren der Bauten und verbrauchen keine Bodenflächen. Dadurch wird jede verbaute Fläche in Gartenform der Natur zurückgegeben.

Die Stadt als Mensch-Natur-Ökosystem:

Jahrzehntelang galten Stadt und Natur als Gegensatz. In der Stadt gibt es Beton und Technik, wer Natur will, muss aufs Land fahren, deswegen braucht man ein Auto.

Das ist biologisch völliger Blödsinn, sozial gesehen destruktiv und dient ökonomisch nur den Autoproduzenten.

In Wirklichkeit ist die Stadt ein Ökosystem, und das schon, seit es Städte gibt.

Woher haben Turmfalke und Mauerschwalbe ihre Namen? Weil sie menschliche Bauten seit jeher als Lebensbasis nutzen.

Einen meiner schönsten Augenblicke erlebte ich in einem gemieteten Haus in der Provence. Im kleinen Innenhof gab es einen Maulbeerbaum und den nutzten etwa 100 Schwalben als Schlafplatz. Bei Einbruch der Dunkelheit kamen sie der Reihe nach angeflogen, setzen sich auf einen Ast und schliefen ein. Der Baum war bunter als der schönste Weihnachtsbaum. Man konnte von der Außenstiege aus die Vögel fast mit Händen greifen. Wenn man es versuchte, stob der ganze Schwarm in wenigen Sekunden in die Höhe, flog dreimal um das Haus und landete dann wieder auf dem Baum. Jeder Birdwatcher aus England wäre ausgeflippt wegen dieses Schauspiels und mir erging es ähnlich.

Das ist ein dramatisches Beispiel für eine Tatsache, an die wir uns längst gewöhnt haben: Die Stadt lebt! Viele Tiere haben sich an den Menschen angepasst und menschliche Lebensräume als Biotop entdeckt, in dem es sich wesentlich besser leben lässt als in Wald und Heide. Katzen, Hunde, Falken, Singvögel, Eichhörnchen, Igel, Mäuse, Ratten, sie alle haben keinerlei Skrupel, mitten unter uns zu leben. Leider gilt das auch für Spinnen, Fliegen, Motten, Mehlwürmer, Kakerlaken und Asseln, die gefallen uns nicht so gut, aber sie sind nun einmal da, allen Kammerjägern zum Trotz.

In der Stadt finden alle diese Tiere viel mehr Nahrung als auf den chemisch abgetöteten Feldern, weil der Mensch die Nahrungsquellen für sich monopolisiert hat. Das kann man zwar nicht ändern, aber mitnaschen kann man allemal. Außerdem ist die Jagd in der Stadt verboten, denn Jagdunfälle in der Stadt machten sich in den Medien gar nicht gut. Das haben Füchse, Wölfe und Wildschweine längst begriffen.

In Glasgow hatte ich auf einer nächtlichen Jogging-Runde eine Schrecksekunde mit Aha-Erlebnis. An jeder dritten Mülltonne begegnete ich einem Fuchs, der versuchte, an die menschlichen Abfälle zu gelangen. Als ich merkte, dass ich für die Füchse völlig uninteressant war und sie mir daher auch nichts taten, konnte ich mich ihnen bis auf 2 Meter nähern – der Traum jedes Naturfreundes. Nach einigen Tagen Zeitungslektüre begriff ich den Grund für dieses wunderbare Naturschauspiel. Wer einmal gesehen hat, auf wie grausame Art und Weise die traditionelle englische Fuchsjagd den Füchsen den Garaus macht, der begreift sehr schnell, dass die Füchse inzwischen in die Städte flüchten, wo ihnen keiner was tut.

Eine Dokumentation über meine Heimatstadt Linz an der Donau hat mir die Augen geöffnet. Linz ist eine Industriestadt, aber in seinen Kellern, Höfen und Flussufern kreucht und fleucht alles, was des Naturfreundes Herz begehrt. Von Bisamratte, Biber, Dachs, Fuchs und Reh fand der Fotograf alles, was in der Tierwelt Rang und Namen hat. Im Internet kursieren inzwischen Videos von Rehen und Krokodilen, die sich in Häuser verirren und nicht mehr weggehen wollen. Eine meiner Nachbarinnen fand eine Kreuzotter in einem Stiefel im Vorzimmer und zeigt mir stolz ein Foto als Beweis. Es ist wissenschaftlich bewiesen, dass kein Mensch in seinem Haus leben kann, ohne dass eine Spinne in höchstens einem Meter Entfernung ihr Unwesen treibt.

Ob wir wollen oder nicht, wir werden die Tiere nicht los.

Aber das wollen wir ja gar nicht. Laut Prof. Kotrschal leidet der Mensch an Biophilie und fühlt sich nur wohl, wenn Tiere in seiner Nähe sind. Wenn dem so ist, können wir unsere Städte doch gleich so bauen, dass wir uns über möglichst viele glückliche Tiere in unserer Nähe freuen können.

Was wünschen sich unsere Kinder am häufigsten? Hamster, Hunde und Kaninchen. Deshalb geben deutsche Familien ein Schweinegeld für Haustiere aus. Die muss man dann allerdings pflegen, füttern und versorgen, was gestresste Mütter gar nicht schätzen und deswegen jammern viele Kinder jahrelang, bis sie endlich doch ihr Haustier bekommen.

Was, wenn die Architekten die Tiere frei Haus liefern würden? Die Kinderaugen würden leuchten und wir hätten wesentlich weniger aggressive Kinder. (Es ist erwiesen, dass die Beziehung zu Tieren Kinder sozialer, ruhiger und glücklicher macht)

Alles, was Tierarten zu ihrer Ausbreitung brauchen, sind Ökokorridore und die einzuplanen, dürfte Stadtarchitekten nicht schwerfallen. Liebe Leser, Sie kennen Ökokorridore von jeder Autobahnfahrt. Manchmal sind Autobahnen mit Grünland überdacht an Stellen, wo der Mensch definitiv keine Brücke braucht. Sie ärgern sich, weil Sie in dem unnötigen Tunnel auf 80 km/h herunter bremsen müssen und in eine Radarfalle geraten, falls Sie dies nicht tun. Wenn Sie missmutig Ihre Verkehrsstrafe einzahlen, ist Ihnen meist nicht bewusst, dass diese dämliche Grünbrücke Ihnen vielleicht das Leben gerettet hat. Denn deren einziger Zweck ist es, dass die Rehe und Wildschweine gefahrlos über die Grünbrücke laufen statt über die Autobahn, wo sie mindestens Ihren Kühler ruinieren oder sogar Ihr Leben kosten, wenn Sie versuchen auszuweichen und sich dabei mehrmals überschlagen, bis der nächste Baum Sie stoppt.

Wenn also sogar die Autobahnbauer den Wildwechsel in ihre Planung einbeziehen, dann könnten auch die Stadtplaner ohne viel Schwierigkeiten die Stadt mit Grünkorridoren überziehen: Einem Grünnetz für Tiere, ähnlich dem Radwegenetz für Radfahrer. Ist nur eine Frage des guten Willens. Und ich schwöre Ihnen: Wenn Ihr Kind das erste Mal ein Eichhörnchen in Ihrem Hausgarten sieht, ist das jeden Steuercent wert, der für den Grünkorridor ausgegeben wurde, der dem Eichhörnchen den Weg zu vielen Gärten und vielen Haselnüssen gewiesen hat.

Neue Erziehung

Bei seiner Neujahrsansprache 2018 lud der österreichische Bundespräsident Van der Bellen 20 Kinder ein, mit ihm gemeinsam die Ansprache zu gestalten. Damit brach er mit allen hehren Traditionen, den Zusehern aber gefiel´s. Was er wohl sagen wollte: Die Kinder sind unsere Zukunft und wir müssen alles tun, damit sie die besten Chancen für ihre Zukunft haben.

Da ist sich Van der Bellen mit allen Experten einig: Die Bildung unserer Kinder ist entscheidend für die Zukunft unserer Welt.

Nachdem Wissen der Rohstoff des 21.Jhdt. ist, ist Bildung der Innovationsmotor zur Ausbreitung von Wissen und zur Schaffung neuen Wissens.

Wie Nobelpreisträgerin Malala Yousafzai es formuliert: Ein Bleistift, ein Buch und ein Blatt Papier können die Welt verändern.

Leider steht es mit Bildung in vielen Ländern der Welt im Argen. In vielen islamischen Ländern werden Mädchen von der Bildung ausgeschlossen. In den meisten Ländern ist Bildung für die Unterschicht ein unerreichbares Ziel. Ja, selbst in einem Industrieland wie Österreich sind die Methoden der Bildung höchst umstritten. Hier murksen die Parteien seit 40 Jahren ohne Erfolg herum und haben jede Schulreform vorsichtshalber mit der Hürde einer Verfassungsmehrheit für alle Zeiten blockiert.

Dabei gibt es seit den 1920er Jahren, seit den Reformen von John Dewey, klare wissenschaftliche Ansagen, wie Bildung funktioniert: motivationsgesteuert, freiwillig, talentbezogen und mit einem positiven fördernden Umfeld.

Das Prinzip ist einfach und wurde von Maria Montessori in ein simples pädagogisches Konzept gepackt. Man muss den Kindern für das, was sie lernen wollen, dann, wenn sie es lernen wollen, möglichst viel anschauliches Material zur Verfügung stellen. Den Rest machen die Kinder ganz von selbst, aus Neugier und aus ihrem natürlichen Wissensdrang heraus.

Das österreichische Bildungskonzept stammt aus der Zeit der absolutistisch regierenden Kaiserin Maria Theresia und hat sich seit 300 Jahren kaum geändert. Bildung ist das, was der österreichische Staat für seine Verwaltung und zur Züchtung von Beamten braucht. Der Bildungskanon wird daher vom Ministerium festgelegt, seine Einhaltung durch Inspektoren überprüft und mit Noten belohnt. Was die Kinder wollen und für die Zukunft brauchen – ja, wen interessiert das bitte?

Inzwischen hat es sich bis zur primitivsten Boulevardblatt herumgesprochen – dieses Bildungskonzept funktioniert schlecht und ist ineffizient. Es versucht nämlich, die Kinder von heute mit Inhalten von gestern vollzustopfen, damit sie für die Herausforderungen von morgen gerüstet sind – was für ein Unfug!

Der französische Intellektuelle Andre Stern behauptet sogar allen Ernstes, dass traditionelle Schulen für die Bildung der Kinder Gift sind. Wohl weil er selbst nie in eine Schule gegangen ist und erlebt hat, dass man auch so sehr klug werden kann.

Dem stimme ich zu, obwohl ich als Dr. phil. das traditionelle Bildungssystem bis zur bitteren Neige genossen haben, um den Preis vieler Prüfungsängste und Persönlichkeitsdeformationen, die ich mir dann mit teuren Psychotherapien wieder abtrainieren musste.

Mein heutiges Wissen und meine Fähigkeiten habe ich nicht in der Schule erworben, auch nicht auf der Universität, sondern durch selbständiges Denken – das war in meinem humanistischen Gymnasium und auch bei meinen Psychologie-Professoren ziemlich tabu.

Als ich vor 20 Jahren als Anwalt der Kinder in einem Ausschuss zur Lehrerausbildung saß, war ich allerdings mit den dort anwesenden Professoren einer Meinung. „Sinnvoll wäre es, die besten Lehrer für unsere Kinder auszubilden – dieses Prinzip ist mit dem derzeitigen Motto: Jedem Lehrer seine optimale Schule“ nicht vereinbar.

Deswegen teile ich die Diagnose vieler Bildungs-Kritiker: Das Bildungssystem ist von Grund auf zu erneuern und an die Bedürfnisse der Kinder anzupassen und habe dafür folgende Vision.

<u>SAW-Vision 4:</u>

New Education:

Schüler dürfen selbstbestimmt lernen, und dabei den eigenen Interessen und Fähigkeiten folgen. Lehrer sind Moderatoren, die den Kindern sozio-mentale Techniken beibringen, die an die Begabung der Kinder angepasst werden. Die spielerische Begeisterung ist die Grundlage des Gehirnwachstums, daher ist es verpönt, Kinder zu demotivieren. Kinder werden bestärkt mit Betonung auf Begabungen, Kreativität und Originalität.

Glückliche Kinder werden glückliche Erwachsene und fähig, eine gute Zukunft aufzubauen. Das Modell von uns Eltern wird ihnen die Kraft geben, jedes Problem zu lösen

Voraussetzung für gute Bildung ist, dass dem gesamten Bildungs- und Erziehungsbereich mehr Wertschätzung gegeben wird, u.a. über die Bezahlung der PädagogInnen. Das hätte gravierende Auswirkungen auf die Zukunft unserer Gesellschaft:

Die Scheidungsrate könnte drastisch zurückgehen, wenn die Zeit der Kleinkindererziehung mehr wertgeschätzt, unterstützt und vergütet würde. Heute hetzt man junge Eltern in eine extreme Stresssituation (Kind, Karriere, Hausbau, Schulden, Verwandtschaft) bei der als erstes die Partnerbeziehung auf der Strecke bleibt. Wenn die Kinder aus dem Gröbsten raus sind, erlebt man den Partner oft nur mehr als Last, von der man sich trennen muss, um zu überleben. Das ist eine typische Burnout-Reaktion, durch die nichts besser wird. Im Gegenteil, in den Scheidungskriegen werden bei Frauen, Männern und Kindern Narben geschlagen, die den Stress nur perpetuieren. Mit einem echten Kindergeld sowie zeit- und flächendeckenden Kitas könnten sich junge Eltern ihr Familienleben so gestalten, dass die Liebe nicht vor die Hunde geht.

Globale Raumordnung

Es wissen zwar bis jetzt nur wenige, aber das große Thema des 21. Jhdt. wird die globale Raumordnung sein. Dabei geht es um so zentrale Themen wie Völkerrecht, Schutz des Planeten, globale Interessensphären, internationale Nutzungsrechte, UNO, Weltregierung, Weltfrieden, Ächtung des Krieges, gleiches Recht für alle Menschen, etc.

Die Raumordnung ist bis jetzt auf Gemeinde- und Landesebene Realität. Das Gebiet einer Gemeinde wird möglichst sinnvoll in Wohn-, Gewerbe-, Verkehrs-, Naturschutz- Agrargebiete, etc. aufgeteilt. Das funktioniert in vielen Gemeinden noch mehr schlecht als recht, aber immerhin wird darüber diskutiert, sorgt für Kontroversen, Bürger wehren sich gegen Raumordnungen, die von Industrielobbyisten durchgesetzt wurden und alle schimpfen über die Verschandelung der Landschaft. Es gibt also zumindest ein Problembewusstsein und damit die Chance auf Verbesserung.

Auch international hat die Raumordnungsdebatte längst begonnen. Gebiete, die nicht zu Staatsgebieten gehören, werden durch völkerrechtliche Verträge geregelt, bevor der Planet restlos verschandelt ist.

Ein Beispiel ist der Antarktisvertrag, der bis auf weiteres die Ausbeutung der Antarktis verbietet und dem Ökosystem dort eine Überlebenschance bietet.

Ähnliches bieten Verträge zum Schutz der Meere, zum Schutz der Wale und bestimmter Fischarten, die das Aussterben der Meeresfauna verhindern sollen. Besonders Meeresschutzgebiete, deren Befischung verboten ist, leisten einen Beitrag zum Überleben vieler Tierarten.

Der Weltklimavertrag von Paris schützt die Atmosphäre vor Verschmutzung und das Weltklima vor Überhitzung. Oder versucht es zumindest und Verletzungen dieses Vertrages können zumindest beanstandet werden.

Die globale Raumordnung wird über UNO-Konferenzen und -Gremien langsam etabliert. Ähnlich einer Gemeinde erkennt die Weltgemeinschaft, dass sie den Planeten nicht mehr planlos zersiedeln und ausbeuten darf, wenn sie unseren Kindern einen bewohnbaren Planeten hinterlassen will. Kern der Weltraumordnung ist, dass die Menschheit nur bestimmte Gegenden nutzen und bewohnen darf, im großen Rest aber möglichst viele Naturreservate schaffen muss, um das ökologische Gleichgewicht zu erhalten. Für jede von Menschen belastete Erdgegend muss eine mindestens gleichgroße Gegend reserviert werden, die die Humanbelastung kompensiert.

Die globale Raumordnung hat seit Gründung der UNO 1945 immerhin begonnen, aber sie steckt noch in den Kinderschuhen. Bis vor kurzem herrschte das „christliche" Denken vor, dass die Erde dem Menschen untertan sein soll. Sprich, jeder m2 der Erdoberfläche ist nur zu einem einzigen Zweck da: um von Menschen ausgebeutet zu werden, als gäbe es kein Morgen.

Inzwischen haben die meisten Menschen begriffen, dass wir uns mit diesem Denkansatz in eine ausweglose Sackgasse manövriert haben. Jedes Kind weiß inzwischen, dass es so nicht weitergehen kann.

Also haben Heerscharen von klugen Menschen begonnen, über eine sinnvolle Weltraumordnung nachzudenken. Und da erst wenige gute Ideen akzeptiert wurden, gibt es noch sehr viel Luft nach oben.

Gute Gedankenansätze klingen wie folgt:

Der Mensch darf nur maximal 50% der Erdoberfläche nutzen, der Rest wird als Naturschutzgebiet in Ruhe gelassen (Soziobiologe E. O. Wilson).

Die Überfischung der Weltmeere hat einer ökologischen Aquabewirtschaftung zu weichen, die einen gleichbleibenden Fischbestand sichert.

Die Regenwälder sind zu schützen und dürfen nicht mehr gefällt, sondern nur schonend abgeerntet werden.

Luft, Wasser und Klima sind vor Verschmutzung zu bewahren und in stabilem Gleichgewicht zu halten.

Die Menschheit darf nur einen Teil der Biomasse als Ernährung und einen Teil der Rohstoffe für die Produktion entnehmen. Durch Effizienzsteigerung und Recycling ist eine Redimensionierung des ökologischen Fußabdrucks auf 1 Menschheit = 1 Planetenkapazität zu erreichen.

Prüf- und Bremsvorrichtungen

Seit 100 Jahren gleicht die fortschrittsberauschte Menschheit einem Führerscheinneuling, der nur aufs Gas steigt und das Bremspedal für eine antiquierte Kuriosität hält. Wie wir seit Jahrzehnten wissen, geht dies in den seltensten Fällen gut. Nach einigen Jahren Übung finden die meisten Autofahrer das richtige Gas-Brems-Verhältnis, um sicher wieder nach Hause zu kommen.

Dieser Lernvorgang steht der Menschheit noch bevor. Das Gaspedal klemmt, die Geschwindigkeit wird immer schneller. Das Wissen erneuert sich derzeit alle 2 Jahre, in einigen Jahren alle 0,4 Jahre. Da kommt der klügste Mensch nicht mehr mit. Bei dieser

Wahnsinnsgeschwindigkeit kann keiner mehr die Folgen seines Handelns abschätzen.

In den nächsten Jahrzehnten müssen daher globale Bremseinrichtungen etabliert werden. Diese gibt es derzeit auf nationaler Ebene in Form von Umweltverträglichkeits- und Sozialverträglichkeitsprüfungen. Die demokratische Abwahl von Umweltsündern ist ein zusätzlicher Kontrollmechanismus.

Derzeit redet sich aber jede schlechte Regierung darauf aus, dass die internationalen Konzerne nicht zu kontrollieren seien und sowieso täten was sie wollten.

Die Lösung liegt in Umweltverträglichkeitsprüfungen auf UNO-Ebene. Die dauern zwar länger als nationale Abstimmungen und konnten bislang eben deshalb auch nicht durchgesetzt werden. Diese Zeitverzögerung sollten wir aber zulassen, denn eben dadurch gewinnen wir die Zeit, um schädliche Auswirkungen von technischen Neuerungen zu erkennen, bevor sie eine neue Umweltkatastrophe ausgelöst haben.

Auf nationaler Ebene sind Modellversuche üblich, um eine Neuerung auf kleinem Gebiet zu testen, bevor man sie national einführt. Dies wäre auch global sinnvoll. De facto sind die politischen Programme vieler Länder solche Modellversuche, die miteinander in Konkurrenz stehen und langfristig setzen sich nur funktionierende Modelle durch. Einzelne Völker werden aber schlecht funktionierenden Ideologien als Versuchskaninchen ausgesetzt (siehe Venezuela, Nordkorea, Türkei). Es fehlt bis jetzt die internationale Bewertung von dysfunktionalen Systemen und vor allem die Durchgriffsmöglichkeit zur Beendigung katastrophaler Experimente.

Immerhin gibt es erste Instanzen zur Durchsetzung eines funktionalen Völkerrechts.

Der Internationale Gerichtshof in Den Haag kann Kriegsverbrecher, Diktatoren und Massenmörder vor Gericht stellen und verurteilen.

Der Sicherheitsrat der Vereinten Nationen kann UNO-Missionen mit der Beendigung von Kriegsverbrechen beauftragen.

Die UNO-Vollversammlung kann Resolutionen beschließen, die Kriegs- und Umweltverbrechen mit Wirtschaftssanktionen beantworten.

Alle diese Einrichtungen gehören ausgebaut und verbessert. Langfristig wird man um eine UNO-Eingreiftruppe nicht herumkommen, die der zweite Generalsekretär Dag Hammarskjöld bereits im Kongo 1961 vorgesehen hatte. Leider wurde er dort ermordet und sein richtiger Weg damit beendet.

Die UNO-Sonderabteilungen müssen internationale Standards zur Sicherung des ökosozialen Gleichgewichts etablieren.

Die UNIDO hat die NGOs in die Diskussion einzubeziehen und kriminelle Ausbeutungsaktionen zu stoppen.

Die UNESCO hat internationale Bildungsstandards, vor allem auch für Mädchen, durchzusetzen.

Die UNO-Umweltorganisation hat Standards für das globale ökosoziale Gleichgewicht zu setzen und Umweltsünder mit schmerzhaften Sanktionen zu belegen. Beispielsweise müssten Brasilien, Kongo und Indonesien für jeden Hektar zerstörten Regenwalds mit radikaler Kürzung von Fördermitteln bestraft werden, ebenso Japan für jeden getöteten Wal und jede Überschreitung der Fangquoten.

Moratorien

Bürgerinitiativen, NGOs und kritischen Wissenschaftlern wird in der Regel Fortschrittsfeindlichkeit unterstellt. Kritische Minderheiten antworten auf diese Bevormundung meist mit Verschwörungsfantasien. So spaltet sich die Weltgemeinde seit 50 Jahren in Fortschrittsfanatiker und Fortschrittsfeinde.

Eine Lösung dieses politischen Dilemmas, das zu dramatischen Demonstrationen am Rande jedes Weltgipfels führt, liegt in befristeten Moratorien. Diese gäben allen Seiten die nötige Zeit, das Für und Wider einer möglichen Veränderung zu diskutieren.

Fortschritt ist immer berauschend, nicht jede mögliche technische Veränderung erscheint aber nachträglich sinnvoll. Oft würde man das Rad der Zeit gern zurückdrehen, das ist im Nachhinein aber schwierig bis unmöglich.

Denken wir dies am Beispiel der Atombombe durch:

Das Atomzeitalter wurde eröffnet, weil die USA glaubten, einer möglichen Atombombe des Gegners Hitler-Deutschland zuvorkommen zu müssen. Deswegen wurden die Auswirkungen des Atombomben-Abwurfs nicht getestet, die Bombe gebaut und Hiroshima und Nagasaki ausradiert, um die Überlegenheit der USA für alle Welt klarzustellen.

Im Nachhinein erwies sich dies als Fehlkalkulation. Einstein bedauerte sein Mitwirken an der Bombe bis zu seinem Tod, Deutschland hatte die Bombe nicht, die Überlegenheit der USA war nach 4 Jahren dahin und seitdem gleichen alle Versuche, die Proliferation der Atombombe einzudämmen, einer Büchse der Pandora, die nicht mehr geschlossen werden kann. Die Welt bezahlt die zu kurzfristige Einschätzung von Präsident Truman mit der immerwährenden Bedrohung der atomaren wechselseitigen Auslöschung.

Dabei hätte es durchaus eine Alternative gegeben.

1945 waren die USA und Russland alliiert. Sie hätten gemeinsam ein Atom-Moratorium von 4 Jahren beschließen können, in welchem ein internationales Gremium von Wissenschaftlern Argumente für und wider die Atombombe hätte sammeln können. Schlimmstenfalls hätten USA und UDSSR dann 1949 die Atombombe gebaut und das Gleichgewicht des Schreckens beschlossen, mit dem wir seitdem leben. Beide hätten aber auch beschließen können, die Bombe nicht zu bauen, sondern die Pläne der UNO unter Verschluss zu geben. Dann hätten wir heute keine AKWs, keine Nordkorea- und keine Iran-Krise. Die Irakkriege und den Libyenkrieg hätte es nie gegeben, niemand müsste fürchten, dass Terroristen eine A-Bombe in einer Großstadt zünden.

Ähnliche Moratorien wären heute in der Gen- und der Fruchtbarkeitstechnologie sinnvoll. Bevor die ersten gezüchteten Homunkuli auf die Welt kommen, wäre zu prüfen, was passiert, wenn Menschen in Apparaten gezüchtet werden und während der Schwangerschaft auf Mutterliebe verzichten müssen. Dies ist technisch bald möglich und es ist zu befürchten, dass einige Länder es aus Fortschrittsgläubigkeit auch erlauben werden. Die Erkenntnisse der Bindungsforschung und der intrauterinen Psychologie legen aber die Befürchtung nahe, dass Kinder, die in künstlichen Gebärmüttern gezüchtet werden, zu gefährlichen, gewissenlosen Soziopathen heranwachsen werden, die zwar effiziente Berufskiller nicht aber empathische Mitglieder der Gesellschaft abgeben würden. Die Flut der Zombie-Filme ist vielleicht nur eine Ahnung davon, was uns ohne ein gentechnologisches Moratorium bevorsteht.

Recycling

Seit vielen Jahren gibt es in Deutschland und Österreich Mülltrennungssysteme und einen eigenen Industriezweig, der vom Müll gut leben kann.

Leider ist der Zustand der Müllindustrie nach wie vor ein Skandal. Und zwar nicht nur in Italien, wo in Neapel und Rom die Müllberge zum Himmel stinken, weil die Mafia abkassiert und gar nicht daran denkt, dafür den Müll zu entsorgen. Vielmehr beherrscht eine Müll-Mafia ganz Europa.

Zwar trennen die Konsumenten brav Papier, Glas, Plastik und Elektroschrott. Doch landet der meiste Müll nach wie vor in Müllverbrennungsanlagen, wo er das Klima anheizt. Der Elektroschrott landet in Westafrika, wo seine giftigen Bestandteile die Lungen der Müllarbeiter verätzen und Landschaft und Grundwasser verseuchen. Der Plastikmüll wird großteils um die ganze Welt nach China verschifft.

In Deutschland werden nur 15% des Plastiks recycelt! Wozu sammeln wir denn, wenn das Plastik meist doch nur den Bach runtergeht und im Meer landet, das davon langsam ruiniert wird?

Man hat in Fischen bis zu 100 Teile Mikroplastik gefunden. Den ach so gesunden Fisch dürfen wir dann essen und so wird der Mensch zur Endmülldeponie. Sehr gesund, wirklich! Die Mägen von Walen und großen Fischen gleichen tatsächlich Mülllagern, ein Fressen für Müllarchäologen, die aus dem Mageninhalt von Meeresbewohnern auf den Zustand unserer Gesellschaft schließen können.

Am schlimmsten ist es im Nordpazifik, dorthin treiben die globalen Meeresströmungen den ganzen Mist. Der große pazifische Plastikstrudel bedeckt 1,4 Mill km2 und ist zweimal so groß wie Texas. Der Treibgutforscher Charles Curtis Ebbesmeyer fand in einem toten Albatros-Jungtier 100 Plastikteile, mit denen es von seinen Eltern gefüttert worden war. Biologen fanden heraus, dass

Plastikbestandteile das Hormonsystem der Fische so durcheinanderbringen, dass sie ihr Geschlecht wechseln und sich nicht mehr vermehren können.

Geht's noch?

Bis jetzt hat uns die Industrie die heile Recycling-Welt nur vorgegaukelt und keinerlei Anstrengungen zur Wiederverwertung von Plastik unternommen. Während man mit Altpapier und Alteisen wunderbar Gewinne machen kann, schien die Plastikverwertung bis jetzt unrentabel.

Aber das Blatt wendet sich gerade und wieder treibt China die Entwicklung voran. Es nimmt nämlich ab sofort keinen Plastikmüll mehr an und jetzt hat die deutsche Müllindustrie ein echtes Problem.

Jetzt müssen sich deutsche Ingenieure tatsächlich den Kopf zerbrechen, was man mit dem Zeug tun soll.

Die vielgeschmähte Basis ist da schon viel weiter. Ein österreichischer Unternehmer hat einen Plastikersatzstoff geschaffen, der biologisch abbaubar ist und sich in der Natur rasch zersetzt. Daraus kann man im 3-D-Drucker jede Form herstellen, die bis jetzt aus Hartplastik gebaut wurde.

In der Sammelstelle der Salzburger Gemeinden Bürmoos und St. Georgen trennen die Gemeindebürger sechs verschiedene Sorten Plastik: PET-Flaschen, Plastikhohlkörper, Plastikfolien, Tetra Pak, Joghurtbecher und Restplastik. Nach einer kurzen Einschulung durch Mistexperten tun das nun 8000 Menschen voller Begeisterung. Das sortenrein getrennte Plastik kann sofort wiederverwertet werden. Aus Milchpackerl werden wieder Milchpackerl, aus Joghurtbecher wieder Joghurtbecher, aus Folien wieder Folien.

Die niederländische Firma „The Ocean Cleanup" hat Meeresplastiksammelröhren entwickelt und beginnt im Mai 2018, den Nordpazifischen Plastikwirbel aufzuräumen. Binnen 5 Jahren sollen 50% des Plastiks gewinnbringend recycelt sein.

Es ist höchste Zeit, dass die Müllfirmen begreifen, dass Plastik ein wertvoller Rohstoff ist, den man bald nur mehr durch Recyceln wird gewinnen können.

Block Chain

In den Jahren 2000 bis 2008 haben Banker und Börsenmakler um ein Haar die Weltwirtschaft ruiniert. Durch die Bildung von Blasen erzeugten sie künstlich Gewinne ohne reale Basis, gönnten sich Millionenboni und wurden damit reich. Als die Blasen platzten, riefen sie nach dem Staat und ließen die Milliardenschulden, die das Äquivalent der kassierten Boni darstellten, von den kleinen Steuerzahlern abzahlen. Jeder von uns zahlt noch heute für den Reichtum der Finanzelite, indem er keine Sparzinsen mehr bekommt und sich die sündteuren Mieten nicht mehr leisten kann. An einen Hauskauf brauchen die Jungen nicht einmal mehr zu denken. Die Banker haben es einer ganzen jungen Generation unmöglich gemacht, sich etwas aufzubauen und sie haben nicht einmal ein schlechtes Gewissen dabei.

Dies war der größte betrügerische Raubzug der Weltgeschichte und die Betrogenen sind nicht dumm. Selbst der kleinste Bauer im hintersten Dorf hat kapiert, dass er übers Ohr gehaut wurde, weiß nur nicht, wie er sich wehren soll, wählt deswegen Protestparteien. Deshalb gab es zuletzt in ganz Europa einen Rechtsruck, der das politische System bedrohte.

Irgendwann ist es genug. Die Banken haben sich ein für alle Mal disqualifiziert und jedes Vertrauen verspielt. Die tollen Nationalökonomen, von Paul Krugman abwärts, haben sich als Kaiser ohne Kleider entpuppt, denn ihre Wissenschaft basiert auf Vermutungen, wird laufend falsifiziert und dient nur den Reichen.

Die Zentralbanken der USA und der EU betätigen sich als große Magier, indem sie Geld aus dem Nichts erschaffen und damit neue Blasen erzeugen. Die Propagandaabteilungen der Banker versorgen die Medien weiterhin mit schönen Märchen, dass nur die Finanzspezialisten die Lage retten könnten. Dabei weiß inzwischen jeder, dass diese die eigentlichen Räuber sind, die ihr Bereicherungssystem natürlich nicht aufgeben wollen.

Wozu brauchen wir Banken? Diese Frage stelle ich mir seit Mai 2012, als ich auf einem Kongress für Gemeinwohlwirtschaft Referent war und dort alternative Wirtschaftstheorien zu hören bekam. Sein Konto führt inzwischen jeder selbst, die Bankfilialen haben keine Angestellten mehr, außer ein paar Keilern, die uns tolle „Finanzprodukte" andrehen wollen, um wieder Boni zu kassieren. Aber das hatten wir schon, ein zweites Mal fallen wir nicht mehr darauf rein.

Inzwischen habe ich in der Finanzliteratur die Sache erklärt bekommen. Wir brauchen Banken, weil die aus dem Nichts Geld kreieren, indem sie dieselbe Menge Geld bis zu zehnmal als Kredit verleihen. Die Existenzberechtigung der Banken ist also, die Geldmenge zu verzehnfachen, dadurch die Wirtschaft zu befeuern und jedem Unternehmer Startkapital zu geben. Dieses Startkapital ist nichts anderes als ein Vertrauensscheck in das zukünftige Wirtschaftswachstum. Ist das Vertrauen weg, bricht das Finanzsystem zusammen, es kommt zum Bankrott der Unternehmen und Staaten, das Ersparte der kleinen Leute wird wertlos. Dies ist in jedem Jhdt. seit der holländischen Tulpenkrise 1637 durchschnittlich dreimal passiert. (Durch die 3 Entwertungen des 20. Jhdt. haben mein Urgroßvater seinen Reichtum, mein Großvater sein Vermögen und mein Vater seine angesparte Betriebspension verloren). In jeder Generation wurden die kleinen Leute enteignet und die Reichen wurden immer reicher.

Und diesen Leuten sollen wir noch vertrauen? Für wie blöd halten die uns!

Geld aus dem Nichts erschaffen, das machen wir doch lieber selbst, dachten sich die Computer-Nerds und schufen die Block-Chain, die Banken völlig überflüssig macht, weil im Internet jede Überweisung sicher und geschützt von User zu User vorgenommen werden kann. Und dann schufen sie ihr eigenes Geld, Bitcoins und mindestens 30 andere Computerwährungen. Sogar die abgestürzte Weltfirma Kodak erschafft nun KodakCoins als weltweite Währung für Fotografen. Mein Nachbar, der schon sein E-Mobil in der Garage hat, besitzt sie alle und ist überzeugt, dass demnächst der große Computergeld-Boom kommt.

Natürlich können Bitcoins genauso abstürzen wie Börsenkurse. Computergeld hat aber einen großen Vorteil. Es macht die Menschheit unabhängig von den Manipulationen der Finanzelite und beendet das Räubersystem der Reichen. Wenn der Geldkurs steigt, verdienen alle. Wenn er fällt, verlieren alle. Dadurch werden Gewinn und Verlust gleichmäßig verteilt und die Besitzschere zwischen Reich und Arm schließt sich.

Tier- u Naturrechte

SAW-Mitglied Anna: „Ich bin glücklich, wenn ich an Bäumen vorbeigehe, die Blätter rauschen im Wind, ich sehe die Sonne untergehen, Vogelschwärme fliegen zu ihren Schlafbäumen und krächzen aufgeregt dazu. Das ist für mich Leben."

Anna drückt sehr gut aus, worum es für uns alle geht: Ein Leben ohne Natur ist kein Leben. Damit Annas Glück nicht verschwindet, müssen wir etwas tun:

SAW-Vision 5

Die Rechte der Natur:

Bestehendes darf nur gerodet werden, wenn nachgewiesen ist, dass etwas Gleichwertiges nachwächst. Tiere, Pflanzen und Ökosysteme erhalten ein Einspruchsrecht vor Gericht. Die Ureinwohner werden zu Anwälten des Dschungels, der Wüsten und der Meere und müssen in jedem Bewilligungsverfahren gehört werden. Wie die Angehörigen der indigenen Völker werden sich Jäger bei einem Tier entschuldigen, wenn sie es töten und sie werden nachweisen müssen, dass der Tod des Tieres einem sinnvollen Zweck gedient hat. Alle Menschen, auch Minderheiten und Naturvölker, werden gleiche Chancen, vor allem das gleiche Recht auf Bildung haben. Die Integration aller Menschen und Kulturen wird als Motor der Naturerhaltung erkannt sein, der die Gesellschaft umso weiterbringt, je mehr Gehirne am Fortschritt mitarbeiten und je mehr traditionelles Wissen auf Augenhöhe mit der Technik Beachtung findet.

In den letzten Jahrzehnten herrscht ein äußerst unfairer Wettbewerb zwischen den multinationalen Konzernen und den vielen Initiativen, welche die Natur erhalten wollen. Wenn ein Konzern eine Profitmöglichkeit wittert, setzt er seine Interessen mittels Lobbyisten und Schmiergeldern durch, sorgt mit bezahlten Wissenschaftlern für frisierte Studien, erklärt alle Gegner zu Wirtschaftsfeinden und Arbeitsplatzvernichtern. Am Ende geben die meisten Regierungen klein bei, weil die Drohung wirkt, dass die Investitionen sonst in andere Länder wandern. So versinken in Brasilien einmalige Dschungelgebiete hinter Staudämmen, in China rottet der 3-Schluchten-Damm den Flussdelphin aus, in Indonesien müssen wunderbare Ökosysteme monotonen Palmölplantagen weichen. Alles unter dem Motto der Wirtschaftsentwicklung, de facto für die Gewinne weniger Reicher.

Wenn dann ohnmächtige Demonstranten ihrem Ärger Luft machen, werden sie nach dem Mafia-Paragraphen hinter Gitter gesperrt und für asozial erklärt. Das asoziale Verhalten der Reichen hingegen ist sakrosankt und durch einen riesigen Apparat von teuren Anwälten abgesichert.

Langsam werden die Ohnmächtigen aber kreativ und schlagen die Mächtigen mit den eigenen Waffen: Mit spektakulären Aktionen macht die Gruppe Peng!Collektive den Wahnsinn der Konzerne öffentlich. Beim Shell Science Slam in Berlin präsentierte sie einen Wundermotor, der angeblich CO2 schluckt statt ausstößt, und daher das Klimaproblem lösen könne. Bei der Präsentation spuckte der Motor zur Überraschung der Zuschauer eine Ölfontäne aus, welche die Bühne bald aussehen ließ wie einen ölverdreckten Strand. "Ist für die Arktis wohl ungeeignet" kommentierte der Präsentator und machte damit sichtbar, was Shells Ölbohrungen für die Arktis bedeuten.

Andere Umweltinitiativen ziehen vor Gericht und gewinnen spektakuläre Prozesse. Der Film Erin Brockovich, in dem Julia Roberts die Umweltvergiftung durch einen Chemie-Konzern aufdeckt und dieser zu hohen Schadenszahlungen verdonnert wird, beruht auf einer wahren Begebenheit. Ein Umweltskandal im Kärntner Görtschitztal, wo Rindfleisch und Milch durch Chemikalien kontaminiert waren, führte 2015 zu einem Aufstand der österreichischen Bauern, die sonst konservativ und chemiegläubig sind.

Noch entscheidender ist die Macht der Konsumenten. Wenn nur mehr biologisch einwandfreie Lebensmittel gekauft werden, ist es mit der Marktmacht der Agro-Konzerne schnell vorbei. Noch leisten letztere hinhaltenden Widerstand und umgehen ihre Kennzeichnungspflicht, indem sie die Inhaltsstoffe einer Ware unleserlich und mit kryptischen Bezeichnungen verschleiern. Hier kann eine internationale Normierung der Lebensmittelkennzeichnung helfen, dass jeder Konsument erkennen kann, was er sich mit einem Produkt einkauft und was er da isst, wenn er ein beworbenes Wundernahrungsmittel kauft.

Kluge Konzerne handeln proaktiv. So kann man bei der Lebensmittelkette Hofer/Aldi bei jedem Produkt sofort verstehen, was drin ist, wie viel Kalorien man isst, wieviel Fett und Kohlehydrate drin sind und ob man ein biologisches Produkt kauft. Mein Vertrauen in diesen Konzern ist in den letzten Jahren rasant gewachsen, meine Käuferzufriedenheit ebenso. Das macht sich für Hofer offensichtlich bezahlt. Ökologisches Verhalten und Gewinn schließen sich also keineswegs aus.

Neue Spiritualität

Ein neues, weites Land - so müssen sich die Urmenschen das Jenseits vorgestellt haben. Als sie das taten, überschritten sie die Schwelle zum Jenseitsglauben und damit zum Glauben überhaupt.

Wann war das und wie geschah es? Das versuchen Autoren anhand archäologischer Zeugnisse zu erschließen (Wunn, Urban, Klein: Götter-Gene-Genesis). Verwerfen Sie alle Vorstellungen, die bisher im Spannungsfeld von Evolution und Theologie formuliert wurden. Herrschte vor Darwin die Überzeugung, der Mensch sei als Krone der Schöpfung von Gott nach seinem Ebenbilde erschaffen worden, so brachte die Naturwissenschaft alles durcheinander. Die Religion erschien fortan als überflüssiges Relikt aus alter Zeit, das einfach absterben würde. Marx sprach vom Opium für das Volk, übernahm aber die religiöse Entwicklungslinie hin zu einem erlösenden Endzustand. Die Behavioristen betrachteten Religion als zufälliges Produkt von Konditionierungen, Dawkins unterstellte den egoistischen religiösen Mnemen, dass sie die Menschen sogar zu selbstschädigendem Verhalten anstifteten. Da die Religionen sich aber keineswegs ausrotten ließen, begannen die Verhaltensforscher nach einem angeborenen religiösen Verhalten des Menschen zu suchen und die Neurophysiologen fanden sogar eine Hirnregion, die für religiöse Gefühle zuständig ist.

Wie aber jeder Philosophiestudent im 1. Semester lernt, lässt sich die Existenz Gottes weder beweisen noch widerlegen, auch wenn die Theologen der Vergangenheit alle Arten von Gottesbeweisen versucht haben. Erklären lässt sich hingegen die Entstehung religiösen Verhaltens als Teil der menschlichen Verhaltensbiologie, und zwar aus den Daten von Urgeschichte und Paläoarchäologie.

Wann entstand Religion? Wohl nicht bei unseren Verwandten im Tierreich. Denn auch wenn Affen, so wie Wölfe und Elefanten, die Trauer um einen Verstorbenen kennen, so lassen sich Bestattungen erst bei den Neandertalern nachweisen. Diese sind die ersten Kandidaten für religiöse Rituale. Dabei dürften die ersten Rituale als Mittel der Angstbewältigung entstanden sein. Das Hirn des Neandertalers war um 10% größer als das des Menschen, also machte er sich wohl Gedanken über den Tod. Die Bestattung in Mulden, die zugedeckt wurden, half den Überlebenden bei der Bewältigung der eigenen Existenzangst, die allgegenwärtig war.

Bei Homo sapiens kamen neue Rituale dazu: Totenschädel wurden an den Grenzen des eigenen Territoriums deponiert, um Stammesfremde abzuschrecken. Ranghohen wurden Grabbeigaben mitgegeben, um ihren Rang zu festigen. Territorialverhalten und Imponiergehabe, wie es sich bei vielen Tieren findet, mögen langsam zur Vorstellung eines neuen Landes im Jenseits geführt haben, wo der Tote die Gegenstände auch alle nutzen konnte.

Höhlenmalereien als prähistorische Graffiti und Frauenfigurinen sind Ausdruck eines starken Gestaltungswillens, aber noch keine Beweise für eine schamanistische Urreligion. Die gespreizten Hände und die entblößten weiblichen Geschlechtsteile deuten Wunn, Urban u Klein als Abwehrsignale, mit denen Gefahren abgewendet werden sollten. Aus den Frauenfigurinen wurden mit der Zeit Amulette, die noch heute in vielen Ländern der Abwehr des bösen Blicks dienen. So könnten erste magische Vorstellungen entstanden sein.

Mit dem Verschwinden der eiszeitlichen Fauna stieg der Territorialdruck und dies leitete den Übergang zur Jungsteinzeit ein.

Nun finden sich Ansammlungen von durchbohrten und geschmückten Totenköpfen in Höhlen, die wohl als Eingänge zur Unterwelt gedeutet wurden. Damit wurde die alte Sitte der Schädeldeponierung nun zur Markierung der Grenze zum Jenseits verwendet. In Jericho wurden die Totenköpfe mit Lehm übermodelliert und im Haus deponiert, was vielleicht ein Übergang zum Ahnenkult war. In Lepinski Vir am Donaudurchbruch zeigt sich der Hausherd als heiliger Ort, der den Übergang zur Anderswelt bildet und um den herum die Ahnen bestattet werden.

Verhaltensbiologen ziehen Vergleiche zwischen religiösen Ritualen und dem Balztanz von Vögeln. Die Verhaltensethologie hat Übergangsrituale entdeckt, die allen menschlichen Kulturen gemeinsam sind. Aus den Initiationsritualen der Naturvölker entwickeln sich in den Zivilisationen die Rituale der Gottesdienste. Aus den schamdrohenden Figurinen der Steinzeit werden im Nahen Osten weibliche Gottheiten wie Ishtar oder Demeter. Im Neolithikum wird die große Urmutter zur ersten universalen Göttin, man verehrte die Geburt als Ursprung des Lebens und die Frau als große Gebärende.

An welchem Punkt der Menschheitsentwicklung geschah der Sprung in die Religion? Das zu klären ist ein vermessenes Projekt, das wissenschaftlich noch am Anfang steht. Soviel wissen wir: In einer langen Übergangsphase entstanden aus tierischen Verhaltensmustern von Territorialverteidigung, Imponiergehabe und Angstbewältigung religiöse Rituale und entwickelten sich zu religiösen Symbolen.

Die Naturvölker machten die Toten zu Geistern und stellten sich alle Welt als von Geistern belebt vor. Man konnte mit den Geistern reden und sich mit ihnen gut stellen. Wenn man sie beleidigte, dann wurden sie böse und quälten einen. Die Schamanen übernahmen die Kommunikation mit den Geistern und machten sie den Menschen wohlgesonnen. Das war der Beginn der Anbetung geistiger Welten.

In den Ackerbaukulturen entstanden große Götter, die jeweils für einen Bereich des Lebens zuständig waren. Demeter für die

Fruchtbarkeit, Venus für die Liebe, Mars für den Kampf, Athene für die Klugheit.

Die indogermanischen Nomaden hatten Kampfgötter: Odin, Thor mit dem Hammer, Donar für Blitz und Donner. Walhalla war der heilige Ort für die gefallenen Helden. Die Ägypter brachten die Aufteilung der Götterwelt zur Perfektion. Ra war der Schöpfergott, Maat sorgte für Gerechtigkeit, Knum für den Neubeginn, Mut für die Zeugung, Osiris für Tod und Wiedergeburt.

Ein verrückter Pharao erfand 1350 vor Christus den Ein-Gott-Glauben. Das fanden seine Untertanen gar nicht lustig und machten dem vermeintlichen Irrglauben des Echnaton schnell ein Ende.

Die Inder begründeten die religiöse Philosophie. Entstehung, Erhaltung und Transformation der Welt werden als Brahma, Wischnu und Shiva bis heute verehrt.

Um 500 v. Chr. kam es zur großen spirituellen Wende in allen Zivilisationen der Erde. Buddha, Lao Tse, Kung Fu Tse, Zarathustra und Prophet Daniel hörten auf, sich über das wahre Bild Gottes Gedanken zu machen und konzentrierten sich auf den richtigen Weg, Gott zu schauen. Alle haben das erste Gebot Mose gemeinsam: Du sollst dir kein Bild von Gott machen. Denn der begrenzte menschliche Geist darf sich nicht anmaßen, Gott erkennen zu wollen. Das ist Hochmut und endet im Tanz um das goldene Kalb.

Religion ist seitdem der Versuch, den rechten Weg zu Gott zu beschreiben. Der achtfache Pfad der Achtsamkeit (Buddha), das Ahnen des großen Geheimnisses (Lao Tse), das rechte und gerechte Leben (Kung Fu Tse), die Entscheidung für das Gute (Zarathustra) und der Bund mit Gott (Daniel) haben alle eines gemeinsam: der Mensch ist fähig, den Weg zu Gott zu erahnen und sich dafür zu entscheiden.

Diese Erkenntnis ergänzten Jesus um den Weg der Liebe und Mohammed um den Weg des richtigen Handelns durch Unterwerfung unter den Willen Gottes (Islam).

Abbilder Gottes wurden als Götzenbilder verurteilt, denn Bilder sind menschengemacht und vermögen Gott nicht zu fassen. Die Verehrung von Standbildern aus Stein oder Holz heißt, Gott Hohn zu sprechen. Deshalb fühlte sich Bonifatius berechtigt, die Donar-Eiche zu fällen. Das Irdische vermag das Überirdische nicht zu fassen.

Nehmen wir das 1. Gebot Mose ernst, dann sind alle religiösen Streitigkeiten Makulatur. Wenn sich der Mensch kein Bild von Gott machen kann, was soll dann der Streit über Kreuz, Halbmond oder Kopftuch? Wer glaubt, die einzige Wahrheit zu kennen, hat Gott nicht verstanden.

Harari (Homo Deus) ist noch radikaler. Für ihn sind Religionen reine Erfindungen des menschlichen Geistes, dienen nur dem Zweck, dass sich Stämme und Völker zusammenrotten, um immer größere Gebiete zu erobern. Religionskriege sind in seiner Interpretation die Urform des Krieges überhaupt.

Wer Deschner (Kriminalgeschichte des Christentums) oder auch Seppelt (Papstgeschichte) liest, kann Hariri nur zustimmen. Auch die Mohammed-Biographien von Hulspas und Bangert belegen den Zusammenhang von Krieg und Religionsentstehung. Kein Wunder also, dass in aufgeklärten Ländern die traditionellen Religionen an Zuspruch verlieren, da gebildete Menschen historisch erklärbare Dogmen nicht mehr glauben wollen.

Hingegen etabliert sich eine neue Esoterik-Religion, die nur die direkte meditative Erfahrung als Glaubensgrundlage zulässt, die Weisheit verschiedener Traditionen integriert und von der Grundannahme einer spirituellen Energie ausgeht, die jeder Suchende erleben kann (Becker). Die vielgeschmähte Esoterik-Szene geht vom Auftauchen eines Neuen Bewusstseins aus, in welchem sich Wissenschaft, Liebe und spirituelle Entwicklung zu einem

Ganzen verbinden. Physiker sprechen vom Quantengeist, da jedes Quantenteilchen per se Träger von Information ist. Die kosmologischen Modelle der Physiker haben den Charakter eigener Glaubensgebäude, erinnern an den Pantheismus Spinozas und nähren Fantasien über eine Höherentwicklung der Menschheit. Die Innenschau der Mystiker führt zu neuen Weltbildern, regt Kreativität und meditative Erkenntnis an. Wie immer sich diese neuen Glaubensbildern entwickeln werden, sie haben eine wesentliche Folge: Zusätzlich zur Wissenschaft entstehen durch Introspektion, Intuition und geistige Übungen neue Quellen der Information, welche die Wissensgläubigkeit der materialistischen Gesellschaft korrigieren, bestätigen oder erweitern. Da viele Theorien als plötzliche Eingebung entstanden sind, wird der Erfindergeist der Menschheit durch die spirituelle Praxis unzähliger Suchender zusätzlich befeuert.

IV. 2100 - Die neue Welt

Noch weiß kein Mensch, wie die Welt im Jahr 2100 aussehen wird. Niemand kennt die Zukunft, das gilt für Untergangspropheten ebenso wie für Science Fiction Autoren. Denn es gibt Millionen mögliche Formen der Zukunft, die alle eintreten können. Welche Zukunft eintreten wird, hängt von unseren heutigen Handlungen ab und von den Handlungen, die 7 – 9 Milliarden Menschen in den nächsten 80 Jahren treffen werden – und von unwesentlichen Kleinigkeiten wie Vulkanausbrüchen, Seuchen, Sonnenstürmen, Tsunamis und Wirbelstürmen, sowie von all den Rückkopplungen zwischen den Billionen Akteuren unseres globalen Systems, Viren, Ameisen, Meeresströmungen und Wetterextreme eingeschlossen.

Was wir wissen, ist, dass unsere Handlungen heute dazu beitragen, was in Zukunft geschehen wird. Das war zu allen Zeiten so: Hätte die Technik vor 100 Jahren nicht auf den Benzinmotor gesetzt statt auf die damals übliche Elektrizität, hätten wir heute kein Treibhausproblem. Hätten die Diplomaten im Juli 1914 nicht allesamt den Verstand verloren, dann wären uns zwei Weltkriege und ein sehr destruktives 20. Jhdt. erspart geblieben.

Wir dürfen uns nicht aus der Verantwortung stehlen und den Lauf der Geschichte als Ausrede für unsere Fehler missbrauchen. Denn die Geschichte der Erde, die machen wir selbst. Wir können uns ein weiteres destruktives Jahrhundert nicht mehr leisten. Sonst treten die Schreckensvisionen des Club of Rome ein und die Menschheit ist am Ende.

Wir können uns aber an das Erfolgsrezept halten, dass alle berühmten Menschen angewandt haben und das ist ganz einfach: Um mit den Worten des österreichischen Terminators zu sprechen: „Ich setze mir ein Ziel und dann arbeite ich hart und solange, bis ich mein Ziel erreicht habe. Wenn ich beim Trainieren vor Schmerzen nicht mehr kann, fange ich zu zählen an und mach noch ein paar

Wiederholungen." Wenn ein Bodybuilder aus Graz mit diesem Rezept Weltmeister, Milliardär, bestbezahlter Schauspieler und Gouverneur von Kalifornien werden konnte, dann muss man zugeben: Sein Rezept funktioniert.

Jeder Geschäftsmann bekommt heute von seinem Coach eingebläut: Du musst dein Ziel kennen, wenn du es erreichen willst. Dann werden auch Träume wahr. Dann kann ein Marketing-Experte aus einem Energy-Drink ein Weltimperium namens Red Bull basteln. Dietrich Mateschitz wusste von Anfang an, was er wollte. Nach dreißig Jahren ist sein Traum Wirklichkeit.

Aus unserer Zukunft kann nur etwas werden, wenn wir wissen, wo wir hinwollen und mit unserer ganzen Kraft darauf hinarbeiten. Hier sind meine Vorschläge, wie die Welt 2100 aussehen könnte und vielleicht aussehen wird, wenn die Mehrheit der Menschen darauf hinarbeitet:

Global Politics – die vernetzte Menschheit

Eine friedliche Welt kann mit den heutigen Mitteln von Diplomatie und Völkerrecht erreicht werden, wenn die globalen Foren (G20, G7, BRICS-Staaten, UNO-Vollversammlung, Sicherheitsrat, Weltwirtschaftsgipfel, Weltklimakonferenz) sich langsam und organisch weiterentwickeln. Da inzwischen alle Länder bis zum letzten Inselstaat im Pazifik begriffen haben, dass wir alle im selben Klima-Boot sitzen, nehmen seit 2015 die gemeinsamen globalen Anstrengungen sprunghaft zu, destruktive Länder wie Nordkorea werden von der Weltgemeinschaft geächtet.

Dies könnte in 80 Jahren folgendes Szenario ergeben:

SAW-Vision 6

Die UNO als Weltzentrale:

Die UNO wird sich zum Weltgremium entwickeln, in welchem jede große Entscheidung abgestimmt und bewilligt werden muss. UNO-Einrichtungen bekommen weltweit Schiedsrichterfunktion. Es wird ein globales Kosten-Nutzen-Konto geben, das die gerechte Aufteilung von Sonne, Wasser und Boden überwacht. Von der gesamten Erdoberfläche werden 50% den Tieren und Pflanzen gehören, die in Naturreservaten geschützt und sicher leben können. Die restlichen 50 % werden zu gleichen Teilen auf die dann 9 Milliarden Menschen aufgeteilt. Jeder Erdenbürger bekommt bei der Geburt von der Uno Boden-, Nahrungs-, Bildungs-, und Kreditzertifikate, die seinen Anteil an der Weltnutzung umschreiben und die er vor Gericht einklagen kann.

Die einzelnen Zertifikate können dann gehandelt werden, sodass z. B. ein Bauer mehr Bodenzertifikate erwerben kann, ein Wissenschaftler mehr Bildungszertifikate. Das wird noch ein langer Weg mit vielen Verhandlungen. Aber im Prinzip braucht es ein Weltparlament, das über die großen Richtlinien abstimmt. D.h. die UNO-Vollversammlung mit ihren Resolutionen erhält weltweite Gesetzeskraft. Das beginnt ja schon, nur hält sich noch niemand an die Resolutionen. Das wird sich ändern, wenn immer mehr Länder erkennen, dass sie mit einem Alleingang nichts erreichen.

Global Democracy

Die Demokratie der Menschheit wird in subsidiären Stufen von der Basis bis zur UNO-Vollversammlung organisiert sein. Das subsidiäre Prinzip besagt, dass alles auf der kleinstmöglichen Ebene organisiert und entschieden wird und nur komplexere Aufgaben an die nächsthöhere Ebene abgetreten werden.

Die Ebenen sind:

Individuum
Familie
Nachbarschaft
Verein
Gemeinde
Firma
Region
Nation
Nationenbund
Uno

Artikel 1 der neuen Menschheitsverfassung wird besagen, dass keine höhere Einheit in Angelegenheiten eingreifen darf, welche die kleinere Einheit alleine regeln kann (Prinzip der Freiheit).

Die Uno ist daher nur für globale Lösungen zuständig.

Angelegenheiten eines Kontinents oder Subkontinents werden durch Staatenbünde geregelt, in denen meist eine Führungsmacht (in der Regel das bevölkerungsstärkste Land) die Hauptverantwortung hat.

China	–	Ostasien
USA	–	Nordamerika
Brasilien	–	Südamerika
Deutschland/Frankreich	–	EU

Ägypten	–	Arabische Union
Nigeria	–	Organisation afrikanischer Staaten
Indien	–	Südasien
Russland	–	Nordasien

Die Grenzen zwischen den Staatenbünden werden durch die Grenzen der Mitgliedsstaaten bestimmt. Südostasiatische Länder z.B. können sich entscheiden, ob sie dem ost- oder dem südasiatischen Staatenbund beitreten. Damit wird auch die Grenze zwischen den

Einflusssphären der zukünftigen Großmächte China und Indien festgelegt.

Ähnlich werden auch die Einflusssphären auf nationaler und regionaler Ebene festgelegt. Jede Region der EU darf demokratisch abstimmen, zu welchem Staat es gehören will. Viele Regionen werden in den bestehenden Nationen bleiben wollen. Abstimmungen in Katalonien, dem Baskenland, Schottland, Irland, Korsika oder Südfrankreich sind aber zu respektieren und auch keine nationalen Tragödien mehr, da alle Regionen sowieso innerhalb der EU verbleiben und diese im besten Fall sich in eine demokratisch legitimierte EU der Regionen transformiert, wie sie Leopold Kohr schon vor 50 Jahren vorausgesehen hat.

Global Police

Einmischungen in eine andere kontinentale Region werden absolut verpönt sein. Es wäre dann undenkbar, dass die USA ständig im mittleren Osten intervenieren und Kriege führen, um billig an ihr Öl zu kommen. Stattdessen sind Handelsbeziehungen zwischen der Nordamerikanischen und der Arabischen Union durch Verträge auf Augenhöhe zu regeln. Vertragsverletzungen und Kriegsverbrechen fallen in die Zuständigkeit des Internationalen Gerichtshofs, dessen Urteil von allen UNO-Ländern zu respektieren ist.

Die UNO hat die internationale Polizeigewalt und achtet darauf, dass kein Land ein anderes dominieren, unterjochen oder ausbeuten kann. Jeder Verdacht gewaltsamer nationaler Interventionen wird der Vollversammlung und dem Sicherheitsrat gemeldet. Im Sicherheitsrat sind jeweils zwei Vertreter jedes Staatenbundes, in der Regel einer des bevölkerungsstärksten Landes (ständig) und einer eines zweiten Landes (alternierend).

Die Uno-Polizeitruppen setzen sich so wie jetzt aus Soldaten verschiedener UNO-Länder zusammen. Jedoch ist jedes Land der

UNO verpflichtet, die Hälfte seiner Truppen dem UNO-Kommando zu unterstellen, so dass im Konfliktfall die UNO-Truppe jeder nationalen Armee mehrfach überlegen ist. Nationale Armeen dürfen nur mehr regional zur Verteidigung der Grenzen und für die innere Sicherheit eingesetzt werden.

Die Atommächte haben der UNO die Hälfte ihres Atomarsenals zur Verfügung zu stellen, sodass die atomare Abschreckung für alle Länder gleich verteilt und gleich wirksam ist.

Durch die Ächtung der Kriege, die fortan als kriminelle Handlung bestraft werden, können die Waffenarsenale abgebaut werden. Viele Länder, wie jetzt schon Costa Rica, werden gar keine nationalen Armeen mehr haben und die freiwerdenden Gelder lieber für friedliche Zwecke einsetzen.

Ein UNO-Polizeieinsatz durch Waffengewalt wird die Ausnahme sein, da die UNO viel wirksamere Sanktionsmöglichkeiten hat.

Die Hauptsanktion wird der vorübergehende Ausschluss eines Landes, einer Region oder einer kriminellen Gruppe aus dem internationalen Datenstrom, samt Satelliten-GPS, sein.

Die zweitschärfste Sanktion ist das Abschalten der Stromnetze (Blackout).

An dritter Stelle folgt das Wirtschaftsembargo.

Erst an 4. Stelle steht ein UNO-Polizeieinsatz, um z.B. kriminelle Banden, wie sie heute den Kongo terrorisieren, zu stoppen.

Schon seit 70 Jahren vermeiden die Großmächte große Kriege, weil sie wissen, dass sie dadurch nur verlieren können. Sie beschränken sich auf kleine Stellvertreterkriege, um ihre Einflusssphären auszubauen. In den nächsten 30 Jahren sind noch kriegerische Auseinandersetzungen zwischen der abtretenden Großmacht (USA) und den neuen Großmächten (China, Indien) denkbar. Jedoch ist schon die USA trotz riesiger militärischer Übermacht mit dem

Anspruch gescheitert, die alleinige Führungsmacht der ganzen Welt zu sein. Bald werden alle Großmächte begreifen, dass sie sich mit jedem Krieg selbst schädigen (durch sinkende Wirtschaftsraten) und dass die Welt nur multipolar geführt werden kann.

Global Mind, der vernetzte Mensch, Superintelligenz

Sobald jeder der 7,5 Milliarden Menschen durch ein Endgerät (I-Phone, Tablet, PC) an das Internet angeschlossen ist, entsteht ein globales Gehirn der Menschheit. Dies ist ein Quantensprung in der kognitiven Entwicklung, vergleichbar nur mit der Entstehung des menschlichen Gehirns. So wie sich durch die Evolution 400 Milliarden Nervenzellen zum größten Gehirn des Homo sapiens zusammengeschlossen haben, schließen sich nun 7,5 Milliarden Gehirne mal 400 Milliarden Neuronen zu einem Denkapparat mit nahezu unbegrenzten Möglichkeiten zusammen. Dies weckt Befürchtungen, dass die künstliche Intelligenz der Internet-Maschine irgendwann den Menschen für überflüssig erklären wird, wie in den Filmen I-Robot, Terminator und Matrix beschrieben. Dies wird die Menschheit aber durch entsprechende Kontrollmechanismen zu verhindern wissen (siehe Global Evaluation).

Noch bewegen wir uns im Wild-West-Zeitalter des Internet, wo alles kreuz und quer durcheinander geht, Hassposter und Fake-News-Produzenten aus der Hüfte schießen. Facebook scheitert gerade grandios daran, diesem Wildwuchs Einhalt zu gebieten, eliminiert gute Beiträge und lässt schreckliche passieren, weil die Facebook-Security gar nicht die Zeit hat, sich inhaltlich mit den Beiträgen auseinanderzusetzen. So drohen Facebook sowohl Milliarden-Strafen, wenn es Hasspostings nicht löscht, als auch der Unmut der User über die neue Zensur, welche alle Verschwörungstheoretiker bestätigt. In den nächsten Jahren werden sich tausende IT-Spezialisten mit der Frage beschäftigen, wie man die exponentiell wachsende Datenflut überblicken, verstehen, sicher machen und sinnvoll steuern kann.

Mittelfristig werden sich die Internet-Foren funktionell organisieren und ähnlich arbeiten wie die Module des menschlichen Gehirns. Die Entdeckungen der Neurophysiologie bieten die besten Ansätze, um mittels Bionik die Steuerungen des Gehirns im Internet nachzubauen. Das Bewusstsein als zentrale Kontrollinstanz hat nämlich nur sehr begrenzte Eingriffsrechte in die Submodule. Die meisten kognitiven Module arbeiten autonom (unbewusst) und liefern nur das Endergebnis ihrer Berechnungen am Desktop ab und dies auch nur dann, wenn es ihnen sinnvoll erscheint. Kontrolle und Steuerung laufen auch im Gehirn subsidiär auf den kleinsten Ebenen ab. Für jede Informationsleitung gibt es auch eine parallele Kontrollleitung, die die Weitergabe der Information blockieren kann (inhibitorische Leitungen). Erst wenn ein Impuls es bis ins Bewusstsein schafft, schaltet sich die Kontrollinstanz im Frontallappen ein und erst dann kann man sich bewusst entscheiden, etwas nicht zu tun, weil es beispielsweise kriminell ist. Wie die Hirnforschung immer mehr belegt, ist das Gehirn das differenzierteste System der Natur zur Steuerung und Kontrolle von Impulsen. Es ist daher davon auszugehen, dass die weltweite Community der Wissenschaftler sich diese Steuerungsmöglichkeiten abschauen und sie in den Algorithmen nachbauen wird.

Die Angst vor der Fehlsteuerung des künstlichen Menschheitsgehirns ist zwar noch weit verbreitet, wird aber durch die zunehmende Effizienz der kognitiven Module langsam verschwinden. Das Gehirn kann bei Bedarf Neuronen aus allen möglichen Teilen des Gehirns zu neuen Teams zusammenschalten. Je mehr diese Module benötigt und trainiert werden, desto effizienter wird die davon gesteuerte menschliche Fähigkeit. Menschen können infolgedessen auf Seilen balancieren, auf den Mount Everest klettern, ohne Sauerstoff tauchen und völlig unverständliche mathematische Weltmodelle berechnen, die es wahrscheinlich gar nicht gibt. Auf Grund der Plastizität des Gehirns gibt es de facto keine Fähigkeit, die nicht durch Neuronenmodule abgebildet und gesteigert werden kann.

Dasselbe gilt für das Internet-Gehirn, allerdings sind die Möglichkeiten um viele Zehnerpotenzen größer. Wissenschaftler, die den Ursprung der Materie ergründen wollen, schließen sich im Internet zusammen, tauschen sich sekundenschnell aus und entwickeln immer abstrusere Theorien, was Materie ist oder nicht ist, dass es sie vielleicht gar nicht gibt, da sie aus Strings, Superstrings, Branen oder Paralleluniversen besteht - und so weiter und so fort. Allen, die nicht Mitglieder dieses Arbeitsmoduls sind, ist es längst nicht mehr möglich nachzuvollziehen, was die Atomphysiker da eigentlich diskutieren, allen lustigen Pausenfüllern zum Trotz, die Stephen Hawking von sich gibt, um davon abzulenken, dass er die seit 30 Jahren angekündigte Weltformel eben nicht gefunden hat, sondern ganz im Gegenteil mit seinen Ideen auf ganzer Linie gescheitert ist. Entsprechend unmöglich ist es für das zentrale Bewusstsein, in die Denkmodelle des Physikermoduls einzugreifen. Das konnte nur Josef Stalin in seiner absoluten Diktatur, aber auch der konnte nur verhindern und nichts aufbauen. Die Funktionalität der Internet-Module ist daher relativ einfach durch demokratische Kontrolle im Netz abzusichern.

Global Evaluation

Das wichtigste Tool der Wissenschaft ist die Falsifizierung (Sir Karl Popper). In der Wissenschaft darf jede Hypothese aufgestellt werden, in der Heuristik jeder Idee geäußert werden, jede These muss sich aber dem Experiment als Falsifizierungsmöglichkeit stellen. 99% aller von Menschen aufgestellten Thesen wurden im Lauf der Geschichte falsifiziert.

Obwohl lange alle Menschen daran geglaubt haben, ist es falsifiziert dass…

die Sonne sich um die Erde dreht
dass man am Rand der Erdenscheibe ins Bodenlose fällt.
dass die Planeten seltsame Rückwärtskreise ziehen
dass die Planeten Götter sind

dass der Leib Christi göttlich, göttlich und menschlich, oder nur menschlich ist (diese Thesen sind mangels Falsifizierungsmöglichkeit 2 Drittel der Menschheit auch herzlich egal).
Dass laut Einstein Licht sich durch die Gravitation von Sternen krümmt, konnte bisher nicht falsifiziert werden, ja man konnte auf Grund dieser These sogar 3500 Planeten in anderen Sonnensystemen entdecken.

Die Falsifizierung ist auch ein Grundprinzip des menschlichen Gehirns. Wenn eine Fantasie sich in der Überprüfung in der Realität als unbrauchbar herausstellte, wurde das entsprechende Modul blockiert und langfristig gelöscht. Hirnmodule, die nicht mehr benutzt werden, weil sie unbrauchbar sind, verschwinden oder werden in neue nützlichere Module verschaltet. Heute beten weniger Menschen zu den Heiligen um Hilfe, weil sich die erwarteten Wunder immer seltener einstellen. Sich das gewünschte Ergebnis im Supermarkt zu kaufen, geht wesentlich schneller und deshalb glauben die meisten Menschen an Supermärkte.

Die Aufgabe der nächsten Jahrzehnte wird es sein, die Falsifizierung auf allen Ebenen des Internets einzubauen. Dabei ist es viel zu primitiv, wenn die Facebook-Security Accounts löscht, weil der Computer darin bestimmte faschistische Schlagwörter entdeckt. Denn das Schlagwort kann ernst oder kabarettistisch gemeint oder das Arbeitsgebiet eines Faschismus-Forschers sein. Derzeit fliegt der Faschismus-Forscher am schnellsten raus, weil in seiner Doktorarbeit die Phrase „Heil Hitler“ naturgemäß am häufigsten vorkommt. Der Neonazi, der seine Gesinnung mit der Zahl „88“ verschlüsselt, schlüpft problemlos durch und kann weiter sein Unwesen treiben. Der naive Gutmensch, der sich auf Verschwörungsseiten begibt, weil er halt neugierig ist, überlebt auf Facebook auch nicht lange. Dafür glaubt er dann an die Verschwörungstheorien, weil er sich über die Facebook-Zensur ärgert.

Es ist anzunehmen, dass die vielen Wissenschaftler, IT- und KI-Spezialisten immer bessere Algorithmen finden werden, um solchen Anfänger-Fehlern vorzubeugen. Wenn Facebook das nicht macht, wird es ganz schnell weg vom Fenster sein und von einem intelligenteren sozialen Medium überholt werden.

Global Learning

Die Schule der Zukunft wird ein großer Spielplatz sein, auf dem alle Kinder spielen dürfen, was immer sie gerade wollen.

Aber wo kommen wir da hin! Wir sind ja nicht im Kindergarten: Im Gegenteil, wir verschulen gerade den Kindergarten, damit die Kinder möglichst früh möglichst viel lernen. Englisch-Kurse, Ballett- und Klavierunterricht, das müssen alles schon Dreijährige machen, damit sie bald Wunderkinder werden.

Als Kinderpsychologe wundere ich mich immer wieder, wie wenig die selbsternannten Erziehungsexperten vom kindlichen Gehirn verstehen.

Nämlich: Das Spiel ist die Wissenschaft der Kinder. Kinder lernen gern und schnell durch Experimentieren, Beobachten, Nachahmen und selbständiges Nachdenken. Sie brauchen möglichst große und anregende Experimentierfelder und nicht ein vertrotteltes Nachmalen von Buchstaben.

Die Schule wird sich in Zukunft als Einstieg in die große Internet-Bibliothek verstehen. Der Lehrer wird sich als Moderator erweisen, der jedem Kind zeigt, wie es möglichst schnell dort hinkommt, wo es hinwill. In der Regel will jedes Kind woanders hin, will eben kein genormter Durchschnittsarbeiter sein, folgt seinen Interessen, entwickelt originelle Fähigkeiten, denn nur mit denen wird es später Arbeit finden.

Die Schulklasse der Zukunft wird ein Co-Working-Space sein, wo jedes Kind an seinem Internet-Terminal sich den Erwerb seiner Interessensgebiete selbst organisiert. Bei gleichen Interessen werden sich Teams bilden, weil sie z.B. gerade alle Turnen oder Biologie betreiben wollen. Die Schule wird aus vielen Erlebnisräumen bestehen, die jedes Kind jederzeit freiwillig aufsuchen kann, weil es gerade auf die Erkenntnisse brennt, die dieser Raum anzubieten hat.

Solche Schulräume heißen…

…Turnsaal, Sportplatz, Biologie-Labor, Zoo, Techniklabor, Physik-Experimentiersaal, Sternwarte, Gruppendynamik-Raum, historischer 3-D-Saal mit Hologrammen aus allen Epochen, Bastelraum für Holz, Metall, Ton oder Plastik, 3-D-Zeichensaal, Sprachlabor etc.…Die Kinder dürfen ihrem natürlichen Bewegungsrhythmus folgend zwischen Computerwelten und realen Klassenzimmern hin und herwandern. In jedem realen oder virtuellen Raum gibt es einen Lehrer als Coach, den man fragen kann, wenn man nicht weiter weiß.

Am Ende der Schullaufbahn gibt es keine Zeugnisse aus Noten, sondern nur die Bestätigung von erlernten Fähigkeiten. Die machen es den Firmenchefs ganz leicht, sich die richtigen Lehrlinge auszuwählen. Denn wenn jemand beste Zeugnisse in Basteln und Feinmechanik hat, dann wird er wohl einen motivierten Feinmechaniker abgeben. Wenn einer alle vorliegenden 3-D-Graphikprogramme beherrscht und voller Begeisterung seine neusten Kreationen zeigt, dann ist er wohl in einem Graphikbüro richtig.

Außerdem sparen sich die Personalchefs Zeit, weil sie sich das Headhunting sparen können. Die Kids kriegen nämlich mit 15 Jahren via Internet ganz von selber raus, in welchen Firmen sie ihre Lieblingsinteressen am besten leben können und tauchen dort auch ganz von selber auf.

Stellen Sie sich das mal vor: In die Schule der Zukunft werden alle Kinder voller Begeisterung gehen, den Lehrern wird es Riesenspaß machen, den Talenten beim Wachsen zuzusehen, es braucht keine frustrierenden Elternabende und drohenden Schulinspektoren mehr und die Firmen bekommen die motiviertesten Arbeitskräfte aller Zeiten. Wenn das keine gute Zukunft ist…

Global Welfare

Wohlstand ist ein reines Verteilungsproblem. Die Menschheit besaß noch nie so viel Reichtum wie heute. 90% des Reichtums ist aber in den Händen von wenigen, die mit dem Überfluss gar nichts mehr anfangen können, außer ihn zum Fenster rauszuwerfen.

Der Grundgedanke des Kommunismus war nicht so falsch. Durch Umverteilung wäre genug für alle da. Allerdings haben Diktatur, Enteignung und Zwangskollektivierung das hehre Ziel in Verruf gebracht.

Die Gemeinwohlökonomie versucht einen Mittelweg.

Wenn man die Hälfte des Bruttoweltprodukts von 2018 durch 7,5 Milliarden Menschen teilt, ist genug da, dass jeder Mensch Essen, Kleidung, ein Haus und die gewünschte Bildung erhält. Damit wären die meisten vollauf zufrieden.

Die andere Hälfte bleibt den Kapitalisten als Spielgeld. Wenn einer viel arbeiten und reich werden, Aktien kaufen und als Firmengründer Erfolg haben will, dann darf er das weiterhin. Aber halt nur bis zur Obergrenze der 50%, wo sein Reichtum die anderen arm machen würde. Da zieht man eine Grenze ein, wo er seine Überschüsse mittels Steuern an die Gemeinschaft abgeben muss.

Die Details lesen sie am besten in den Büchern von Christian Felber nach. Es gibt aber keinen mathematischen Grund, warum dessen Rechnungen nicht funktionieren würden.

Ein noch einfacherer Weg ist das bedingungslose Grundeinkommen. Wenn alle 7,5 Milliarden Menschen, angepasst an die Kaufkraftparität ihrer Länder, ein Grundeinkommen bekommen würden, reichten dafür 15-20% des Weltbruttoprodukts aus. Ein Bruchteil des auf der Welt vorhandenen Geldes würde die Armut für alle Zeiten abschaffen und einen enormen Wachstums- und Konsumschub auslösen. Vor allem aber einen riesigen Bildungsschub, denn wenn sich keiner mehr Existenzsorgen machen muss, tut er wahrscheinlich, was er am liebsten tut. Das heißt in der Regel, dass er sich fortbildet.

Dabei ist es egal, ob einer gern Golf spielt oder Physikbücher liest, Fußball spielt oder Medizin studiert, denn mit jeder Tätigkeit kann man Geld verdienen, wenn man gut genug ist. An der Spitze verdienen die Golfspieler sogar mehr als die Chefärzte im Krankenhaus.

Keine Angst, die Menschen werden nicht faul herumsitzen, denn das wird nach wenigen Wochen langweilig. Sie werden Neues ausprobieren und alles lernen, was sie interessiert. Und nach der spielerischen Lernphase wollen die meisten Menschen beweisen, dass sie etwas können und das artet in der Regel in Arbeit aus, die auch bezahlt wird. Damit können die meisten Arbeitnehmer dann ihr Einkommen aufbessern bis zu der Höhe, die ihnen wichtig ist. Sie behalten aber die Freiheit der Entscheidung, wie sie ihr Leben und ihren Lebenslauf gestalten.

Alle 7,5 Milliarden Menschen werden gewissermaßen Aktionäre der Firma Menschheit. Aktionäre bekommen Dividenden, auch wenn sie keinen Finger für die jeweilige Firma rühren. Das Weltbruttoprodukt wird sowieso bald von Maschinen und Algorithmen erwirtschaftet, alle Wirtschaftscoachs empfehlen ihren Klienten, sich im Internet ein arbeitsloses Einkommen aufzubauen. Das kann man doch gleich gerecht verteilen.

Das Grundeinkommen, das gerade in Finnland getestet wird, wird unbezahlte Arbeit für das Gemeinwohl aufwerten. Forschung, Kunst und soziale Tätigkeiten werden dann von der Motivation der Tätigen gesteuert und nicht von den Geldern internationaler Konzerne. Pharmaforschung z.B. kann dann von Spezialisten gemacht werden, die nur der Gesundheit und nicht einem Konzern verpflichtet sind. Kunstwerke entstehen aus dem inneren Antrieb des Künstlers und sind nicht von öffentlichen Subventionen abhängig.

Die „Faulen“ bekommen halt nur das Grundeinkommen, können in ihrer „faulen“ Zeit Kinder erziehen, ein Studium machen, ein Projekt entwickeln oder über den Sinn des Lebens philosophieren. Wenn ihnen das irgendwann reicht, werden sie fleißig und verdienen entsprechend mehr. Die Workaholics können sich auch eine Jacht kaufen. Aber wie viele brauchen schon eine Jacht oder einen Porsche? Das ist meist eh nur Angeberei.

Global Creativity

Viel wichtiger als Geld wird in Zukunft Kreativität sein. Oder anders gesagt: Ohne Kreativität wird man kein Geld mehr verdienen können.

Denn alle eintönigen Tätigkeiten werden wegrationalisiert. Alles was monoton und berechenbar ist, können Maschinen und Computer besser als Menschen. Türsteher, Fließbandarbeiter, Buchhalter, Bankbeamter, Chauffeur, LKW-Fahrer – die Liste der bald aussterbenden Berufe ist endlos.

Für Monotonie ist das menschliche Gehirn einfach nicht gebaut. Beim Wandern durch die Savanne haben die Urmenschen fortwährend Spannendes erlebt, ihr Ideenreichtum war täglich gefordert, wenn sie nicht gefressen werden wollten. Deshalb wird uns alles Stereotype schnell langweilig.

Hingegen werden Künstler, Wissenschaftler, Ärzte, Architekten, Beziehungsarbeiter, Programmierer noch lange gefragt sein und sich in so viele Berufe aufspalten, wie wir es uns heute noch gar nicht vorstellen können.

Als ich Student war, gab es „Menschen, die sich mit Computern auskannten", die meisten mehr schlecht als recht. Heute können sich die Nerds unter dutzenden IT-Berufen entscheiden und in jedem Teilbereich müssen sie mehr wissen als die Informatiker der Vergangenheit.

Wer in Zukunft nicht motiviert und kreativ ist, wird sich mit dem Grundeinkommen bescheiden müssen. Denn niemand wird mehr eine Sekretärin brauchen, die das Office-Programm mit Daten füttert, das macht das Programm dann längst von selbst. Aber eine Chefsekretärin, die das Arbeitsgebiet ihres Chefs intelligent organisiert, wird mächtiger sein denn je.

Der Durst nach kreativer Power wird die Ausbildungswege völlig verändern. Ein einfaches Beispiel dafür ist der Zeichenunterricht:

Den habe ich als Schüler gehasst. Denn meist musste man etwas genauso nachzeichnen, wie es die Lehrerin für richtig hielt. Originelle Einfälle wurden sanktioniert und sofort als falsch wegradiert.

Erst mit 16 hatte ich eine Lehrerin, die meinen impulsiven Zeichenstil ermutigt hat. Seitdem weiß ich, was Zeichnen bedeutet und dass Kunst einen originellen Stil braucht, der die Seele der Zuseher berührt. Mein Stil ist das abstrakte Action Painting a la Jackson Pollock oder Arnulf Rainer. Hätte man mich schon ab der 1.

Klasse so zeichnen lassen, dann wäre ich vielleicht Graphiker geworden und kein Psychologe.

Solche Fehler werden in Zukunft nicht mehr passieren. Ein gut begabter und gut geförderter Schüler des Jahres 2100 wird sich frei entscheiden können, ob er lieber sein Talent zum Malen, zur Sozialwissenschaft oder zur Architektur pflegen will.

Eco-Architecture

Die Architektur wird einer der wichtigsten Berufe des 21. Jhdt. werden. Sie wird sich allerdings in viele Berufe aufspalten und zu einer ganzheitlichen Tätigkeit werden. Man wird neben Technikern, Statikern und Häuserbauern auch Landschaftsarchitekten, Stadtplaner, Sozialdesigner, Architekturpsychologen, Architekturbiologen, Stadtökologen, Stadtteilbetriebswirte, Stadt-Designer, Stadt-Künstler und viele mehr brauchen. Die Liste der Berufe rund um die Stadt wird schier endlos sein.

Warum?

Weil die Stadtplanung bald das wichtigste Instrument der Zukunftsgestaltung sein wird. Die Zeiten, wo Architekten grausliche monotone Reihenhäuser planten, die alle die gleiche Schuhschachtelform hatten, werden bald vorbei sein.

Schon bald werden 50% der Menschen in Städten leben, im Jahr 2100 werden es 80% sein. Die Bürgermeister großer Städte wie New York oder Schanghai sind schon jetzt die effizientesten Politiker, die am direktesten in das Leben ihrer Einwohner eingreifen können, zum Guten oder zum Schlechten. Es gibt äußerst beliebte Städte wie Barcelona, Rom, Wien oder Istanbul und es gibt auch sehr unbeliebte, die von ihren Bewohnern als hässlich und wenig lebenswert bezeichnet werden. Die Architektur des 20. Jhdt. hat die meisten Orte Österreichs planlos verschandelt: um ungepflegte Ortskerne ziehen sich große Umfahrungsstraßen, die mit flächenfressenden Gewerbegebieten und Einkaufszentren zugepflastert sind. Überall, wo man den Architekten und Bauherrn freie Hand gelassen hat, ist unsre Heimat hässlich geworden. Wenn es so weitergeht, gibt es bald keine fruchtbaren Felder mehr, mit denen die Bauern uns ernähren könnten. Das kann´s nicht sein.

Schuld daran ist unser evolutionäres Erbe. Als Savannenbewohner können wir nur zweidimensional in Flächen denken. Wenn wir ein neues Bedürfnis erfanden, mussten wir dafür neue Flächen erobern. Für jede neue Funktion verbauen wir daher neue Gründe.

Im 19. Jhdt. stieß man dabei an eine Grenze. Die Erfinder der Hochhäuser bauten daher in die Höhe, um zwischen den Wolkenkratzern genug Grünflächen übrig zu lassen. Übrig blieben aber nur Städte voller Hochhäusern, wo die Fußgänger zwischen Betonschluchten „lustwandeln". So sehr, dass alle Reichen in die Natur der Speckgürtel flüchteten.

Wenn wir schon dreidimensional in die Höhe bauen, dann sollten wir uns abschauen, wie die Natur das tut. Die baut Gebirge - und die sind wunderschön.

Stadtgebirge:

Als Bewohner des Alpenlandes Österreich kann ich mir nichts Schöneres vorstellen als Berglandschaften. Die sind abwechslungsreich, abenteuerlich, sportlich herausfordernd und voller ökologischer Nischen für Tiere und Pflanzen. Auf jeder Urlaubsreise steuere ich zielsicher die nächsten Berge an, denn dort wird mir nie fad. Jeder Bergsteiger liebt die berauschende Aussicht, die man von Gipfeln und Höhen aus hat.

Eine Fernsehsendung über Bewohner des Burj Khalifa in Dubai, des höchsten Gebäudes der Welt, brachte mich zum Nachdenken. Die zahlten nämlich ein Schweinegeld für eine Wohnung hoch oben in den Wolken, weil dort die Aussicht so schön war. Morgenrot, Abenddämmerung in der Wüste – es war wirklich herrlich anzuschauen.

Wenn wir schon so viel verbauen müssen, warum bauen wir dann nicht gleich Stadtgebirge, die jedem Bewohner so eine tolle Aussicht bieten und außerdem noch alles andere, was er braucht?

Österreichs Hauptverkehrsweg zwischen Salzburg und Wien ist großteils zugepflastert. Da gibt es die Eisenbahn, viele Städte, die immer mehr Land fressen, endlose Gewerbegebiete, die die Landschaft verschandeln. Wo wir als Kinder noch in Wäldern gespielt haben, ist jetzt nur noch Beton. Einfach grauslich. Wenn das noch 30 Jahre so weitergeht, kann ich keinem Touristen mehr einen Österreich-Urlaub empfehlen, denn dann sieht man vor lauter Beton keine Berge mehr.

Intelligente Architekten kamen auf eine gute Lösung. Warum nicht Bahnhöfe und Trassen mit Hochhäusern überbauen? Das sind meist die letzten Baugründe, die es in den Städten noch gibt und zubetoniert sind sie ja schon. Also liegt da eine wunderbare Verdichtungsmöglichkeit.

Ich gehe einen Schritt weiter und sage: Überbauen wir doch die Eisenbahntrassen mit ganzen Hausgebirgen, in denen wir alle Funktionen einer Stadt unterbringen, die sonst die Landschaft verschandeln. Wir sparen damit Grundkosten, Versorgungsleitungen, Verkehrswege, Baumaterialien und vor allem Landschaftsverbrauch ein.

Das Grundmodell des Stadtgebirges schaut so aus:

Keller sind nicht mehr notwendig. Das ist die erste Ersparnis, denn die Keller sind meist der teuerste Bauteil. Es reicht eine feste Bodenplatte mit integrierten Röhren, die die Sommer- oder

Tageshitze speichern und damit das Gebäude im Winter oder in der kalten Wüstennacht heizen.

Auf der Ebene Null verlaufen in der Mitte Bahnlinien, Versorgungstunnel und die Autobahn. Eingehaust versteht sich, daher fällt jede Lärmbelästigung weg. Es gibt 2 Autobahntunnel zur Verminderung der Unfallgefahr. Links und rechts davon Parkgaragen, Müllrecyclingplätze und Kompostieranlagen.

Auf der Ebene 1 befinden sich Fabriken und Gewerbegebiete. Deren Abgase werden an der Decke, die Abfallprodukte am Boden gesammelt und dem Recycling auf Ebene 0 zugeführt.

Auf Ebene 2 befinden sich Supermärkte und Versammlungshallen in jeder Form (Fußballstadien, Konzerthallen, Opernhäuser, Museen, Archive, Depots, alle Formen der betrieblichen Nutzung).

Auf Ebene 3 befinden sich Gewächshäuser, teils mit Lichtschächten, teils mit Pflanzenblaulicht beleuchtet. Sie werden mit Methan aus Ebene 0 und 1 angereichert, die Abfälle fallen durch Schächte auf Ebene 0.

Ebene 4 befindet sich an der Oberfläche und ist terrassenförmig. Dort befinden sich lichtdurchflutete Wohnhäuser, aneinander gebaut wie Reihenhäuser, von denen jedes einen eigenen Garten hat, der gleichzeitig das Dach der nächsttieferen Etage ist.

Der Seitenaufriss des Gesamtgebäudes ist ein Dreieck, ähnlich einer Stufenpyramide der Maya, nur viel größer und langgestreckter. In diesen langgestreckten Pyramidenhochhäusern wäre jede Stufe durch einen Garten übergrünt, der gleichzeitig die Terrasse der dahinterliegenden Wohnung ist.

Außen laufen von der Stufe Null bis zur Pyramidenspitze Treppen zwischen den Häusern, die alle Häuser und Gärten miteinander verbinden und von den Joggern als Trainingsmöglichkeit genutzt werden, ergänzt durch Reckstangen und Turngeräte, die zum Trainieren im Freien verleiten. Auf jeder Pyramidenebene verlaufen horizontale Fußwege, die auch von Radfahrern, Eselskarren oder Segways benutzt werden. Nur der Autoverkehr ist ins Innere verbannt. Jedes Reihenhaus ist nur 200 m vom nächsten Supermarkt im Pyramideninneren entfernt, kann also seine Einkäufe leicht mit Karren erledigen. Innen sind die Etagen mit Liften u Stiegen verbunden. Die Häuser liegen meist über den Arbeitsplätzen, die man schnell zu Fuß erreichen kann. Wechselt man die Firma, wechselt man auch die Wohnung, die dann über der neuen Firma liegt.

Die ganze Hauspyramide ist von Versorgungs-, Entsorgungs- und Recyclingkanälen durchzogen. Der Müll wird in den Wohnungen getrennt und dann in die jeweiligen Schächte für Papier, Plastik, Metall, Bioabfall, Restmüll, etc. geschmissen, die sich in den Gängen hinter den Wohnungen befinden. Die Recyclingstoffe fallen durch die Schächte direkt in die Ebene Null, wo sie sofort wiederverwertet werden. In den Gärten wird das Regenwasser gesammelt und als Nutzwasser nach innen geleitet. In den Toiletten werden Urin und Kot getrennt, nach unten geleitet und in den Biostationen zu Dünger umgewandelt.

Die Stadtgebirge können je nach Bevölkerungsdichte in der Höhe von 300 m bis 1000m variieren. Je nach klimatischen Bedingungen wird jedes Stadtgebirge so ausgerichtet, dass Sonneneinstrahlung und Beschattung optimiert sind.

Da diese Form des Bauens zu einer Minimierung des Flächenverbrauchs führt, entstehen links und rechts des Gebäudes riesige agrarische Nutzungszonen. Die Ställe und Scheunen der Bauern sind in die Ebene Null integriert, sodass die Nutztiere direkt aus dem Stall ins Freie gehen und die Bauern mit ihren Traktoren direkt auf ihre Felder fahren können. Die Agrarprodukte werden in den Bauernhöfen der Ebene Null verarbeitet und in die Supermärkte der Ebene 2 geliefert.

Nach einer 5km breiten Agrarzone links und rechts des Stadtgebirges beginnt die unberührte Natur, die in Ruhe gelassen wird und wo sich die alten Ökosysteme regenerieren dürfen. Hier ist nur eine extensive Nutzung erlaubt, etwa durch Obstbäume und Weingärten. Die Naturgebiete sind vor allem als Erholungsgebiet gedacht. Jeder Städter, der sein Elektromobil in der Garage hinter seiner Wohnung stehen hat oder sich eines per App bestellt, braucht maximal 5 km in die eine oder andere Richtung zu fahren, um in einer unberührten Naturlandschaft wandern, jagen oder Berg steigen zu können.

Nach diesem Stadtgebirgssystem ließen sich die 2,6 Millionen Einwohner von Ober- u Niederösterreich mühelos auf den 330 km der Westbahnstrecke zwischen Wien und Salzburg mit allem versorgen, was sie brauchen. Die Landflucht wäre kein Thema mehr, da selbst die Bauern in einer Stadt wohnen, mit allen ihren Vorzügen. Die intensive Nutzung der Agrarzone mit kurzen Verkehrswegen und hohen wirtschaftlichen Erträgen würde es ermöglichen, dass der Rest von Ober- u Niederösterreich zum Naturschutzgebiet erklärt werden kann wird, in welchem nur sporadische Siedlungen im Einklang mit der Natur erlaubt sind.

Die Wüste lebt

Jetzt mach mal halblang, lieber Autor! Eine solch radikale Umwandlung eines gewachsenen Siedlungsgebietes wie Österreich werden dessen Bewohner nie zulassen. So was haben nicht einmal kommunistische Diktatoren geschafft.

Mag sein. Ist ja auch nur ein Vorschlag, wenn auch einer mit vielen Vorteilen. In manchen Ländern des Südens, wo die Häuser überhaupt erst gebaut werden müssen, werden die Architekten aber darüber nachdenken. In China wird bereits mit solchen Öko-Cities experimentiert, manche wurden von berühmten Architekten wie

Zaha Hadid geplant. China hat zu wenig Land und muss in die Höhe bauen. Warum dann nicht gleich auf intelligente Weise?

Es gibt eine Landschaft, die für das Stadtgebirge geradezu prädestiniert ist: Die Sahara, speziell ihr südlicher und nördlicher Rand. Alle Staatsführer Afrikas werden bald vor der Aufgabe stehen, wie sie die zu erwartenden zusätzlichen 1 Milliarde Menschen mit Häusern und Arbeitsplätzen versorgen, ohne dass die den Kontinent kahlfressen wie Heuschreckenschwärme. (In Niger bekommen die Frauen durchschnittlich 5-6 Kinder, wo sollen die alle hin?)

Daher mein Vorschlag: In der Wüste ist der Boden wertlos, dort könnte man ohne Grundstückskosten Stadtpyramiden bauen.

Man baut eine Eisenbahnlinie (+Autobahn) von Nouakchott bis Atbara. Über diesen Verkehrsweg baut man Stück für Stück die Pyramiden, um die Leute aus den Slums zu holen. Da Niger, Senegal und Nil nach Norden fließen, kann man von diesen Flüssen Wasser als Grundversorgung für die ersten Pyramiden abzweigen. Die Staaten stellen den Einwohnern Wohnungen im Rohbau zur Verfügung; Wohnungseinrichtung, Arbeitsplätze und Agrarzonen errichten diese dann in Eigenregie. Indem ihre Bewohner Agrar- und Handwerksprodukte herstellen, werden die Pyramiden schnell zu selbstversorgenden Wirtschaftseinheiten, die Schritt für Schritt den Bevölkerungszuwachs Afrikas auffangen.

Auf Grund der Klimaerwärmung wird es in der Sahelzone mehr Regen geben, davon gehen die neuesten Klimamodelle aus. Das Stadtgebirge wirkt der Wüstenbildung entgegen und durch Nutzwasserrecycling wird die Agrarzone links und rechts des Stadtgebirges sich langsam ausdehnen. Auf Grund von Verdunstung und mikroklimatischen Veränderungen dehnt sich die Sahelzone langsam nach Norden aus. Von Westen her wird der Wasserhaushalt durch Meerwasserentsalzung gespeist, die Felder können sogar durch Schläuche in 30 cm Tiefe mit Salzwasser bewässert werden.

Nach zirka 30 Jahren hat das durchgehende Stadtgebirge Nouakchott-Atbara den Bevölkerungsüberschuss Afrikas aufgefangen und einer Milliarde Menschen ein menschenwürdiges Leben in Freiheit ermöglicht. Gleichzeitig würde diese Stadtlinie wie ein Limes wirken, welcher die Staaten der Sahelzone vor Angriffen von Terroristen aus der Wüste schützt. Polizeikräfte könnten durch die Verkehrswege im Pyramideninneren schnell an jeden angegriffenen Abschnitt verlegt werden.

Gleichzeitig wirkte das Stadtgebirge wie ein Riegel, der die Flucht nach Norden verhindert und damit die EU vor afrikanischen Wirtschaftsflüchtlingen schützt. Es wäre daher nur fair, wenn die EU die ersten Rohbauten als Starthilfe finanzierte, statt teure Grenzschutzmaßnahmen im Mittelmeer zu bezahlen.

Homo extensus

Die verschiedensten Forscher und Philosophen haben sich Gedanken gemacht, wie der Mensch der Zukunft aussehen wird, wenn er den nächsten technologischen Quantensprung geschafft hat. Hariri meint, der Mensch werde sich wie Gott fühlen und ewig leben, andere denken, der Mensch werde seinen Körper ablegen und sein Gehirn in einen Computer überspielen, die meisten prophezeien, Mensch und Maschine würden zu Cyborgs zusammenwachsen.

Die wahrscheinlichste Lösung ist viel unspektakulärer und schon längst da.

Der Mensch der Zukunft heißt Homo extensus (der erweiterte Mensch) und ist längst mitten unter uns.

Er kann jede mögliche Form annehmen: Er kann aussehen wie ein Fisch, ein Vogel, ein Bagger, ein Dinosaurier, wie eine Rakete oder wie ein U-Boot.

Homo extensus ist der perfekte Gestaltwandler. Er ist 60.000 Jahre alt.

Die Anthropologen haben ihn bislang nur noch nicht entdeckt. Die Entdeckung dieses Missing Link wird aber alle Theorien über den Ursprung des Menschen über den Haufen werfen.

Homo extensus entwickelte sich, als den Urmenschen, die von Afrika nach Eurasien zogen, kalt wurde. Sie warfen sich Pelze von Beutetieren über die Schultern und erfanden die Kleidung.

Die im Norden Eurasiens notwendige Ganzkörperverkleidung war unsere erste Gestaltverwandlung und die erste Erweiterung unseres Körpers durch tierisches Material. Seitdem hat der Mensch gelernt, je nach Kultur und Epoche die verschiedensten Kleider zu entwickeln und damit seinen Status, sein Geschlecht, seine nationale und religiöse Zugehörigkeit zu betonen und in jedem Klima, von -50 Grad in der Arktis bis +50 Grad in der Sahara, zu siedeln. Wenn ein Außerirdischer ein Bild von König Ludwig XIV. im Prachtornat und ein Foto von Ex-Präsident George W. Bush beim Holzhacken auf seiner Farm vergleicht, muss er schlussfolgern, dass es sich dabei um zwei vollkommen verschiedene Wesen handelt, obwohl diese beiden zu ihrer jeweiligen Zeit die mächtigsten Männer der Welt waren.

Die letzten 60.000 Jahre wurde die Welt von Homo extensus 1 beherrscht, der Verschmelzung von Mensch und Tierhaut.

In einem 2. Schritt verwandelte sich Homo extensus in Zentauren, Lastesel und Dromedare.

Durch die Zähmung der Haustiere verschmolz der Mensch mit dem Pferd zum reitenden Zentauren. Diese Wesen verschreckten die Azteken so sehr, dass sie den Krieg gegen die Spanier schon verloren hatten, bevor er überhaupt anfing.

Indem die Sumerer sich auf Wagen setzten, vor die sie Ochsen spannten, verwandelten sie sich in starke Lasttiere.

Indem die Araber sich auf Kamele setzten, verwandelten sie sich in Wüstentiere, die tagelang ohne Wasserstelle auskommen konnten.

Die letzten 5000 Jahre zeigten alle möglichen Abwandlungen von Homo extensus 2, der Verschmelzung von Mensch und Tier.

Mit der Metallverhüttung begann Homo extensus 3, die Verschmelzung von Mensch und Metall. Seit der Bronzezeit legen sich Krieger Häute aus Metall zu (Rüstungen) und erweitern ihre Hände mit Schwertern.

Mit den Erfindungen der Belagerungsingenieure begann Homo extensus 4. Menschen schoben Belagerungstürme, Rammböcke und Bliden vor sich her und erweiterten damit die Kraft ihrer Arme durch Maschinen.

Homo extensus 4 wurde in den letzten 200 Jahren ein wahrer Meister der Krafterweiterung. Er setzte sich in Bagger und wurde so stark wie ein Dinosaurier. Er setzte sich ins Flugzeug und wurde der schnellste Vogel. Er setzte sich ins Auto und wurde schneller als jeder Gepard. Er setzte sich ins U-Boot und machte den Walen Konkurrenz. Er setzte sich in Raketen und wurde ein Komet.

Derzeit erleben wir die Geburt von Homo extensus 5. Der Mensch vernetzt sich mit allen möglichen denkenden Maschinen und wird zum Cyborg. Dabei hilft eine neue Erfindung von US-Forschern, die aus Plastikfolien und Rapsöl biologische Muskeln erzeugen, mit denen man sowohl künstliche Gliedmaßen als auch biologische Roboter herstellen kann.

Die nächste Unterart von Homo extensus 5 heißt Homo alberich und wird in wenigen Jahren die Welt beherrschen.

Was ist Homo alberich? Dazu muss ich etwas ausholen:

Alberich war der sagenhafte Zwergenkönig des Nibelungenlieds. Er hatte eine Kappe, die ihm magische Kräfte verlieh. Trug er die

Kappe, war er unsichtbar, konnte sich überall verstecken und dabei die Menschen mit seinem Schabernack quälen.

Damit ist schon gesagt, was uns bevorsteht. Bald werden die Menschen Kappen tragen, die die Gehirnströme lesen können. Dann kann der Mensch mittels Gedankenkraft mit Internet 4.0, seinem Smarthome und all seinen Maschinen kommunizieren. In der Vollvisierversion ist die Alberich-Kappe durch eine Datenbrille und ein Hörgerät ergänzt, die dem Menschen alle optischen und akustischen Daten liefern, die er gerade angefragt hat, inklusive Musik und sämtlicher jemals erstellter Audio- und Video-Dateien der Menschheit.

Ein einziger Homo alberich hat Zugang zu allen jemals von Menschen geschaffenen Maschinen und Datenbanken auf der ganzen Welt.

Klingt unheimlich. Wird aber im Jahr 2100 Normalität sein. Geldverdienen ohne Alberich-Kappe wird nur mehr seltenen Exoten vorbehalten sein.

Natürlich werden die Menschen in ihrer Freizeit zur Gehirnerholung die Kappe ablegen, so wie sie heute ihr Handy ausschalten. Auch Paragleiten und Bergsteigen wird ohne Kappe funktionieren, Boxen und Fechten sowieso.

Die Normalität des Jahres 2100 wird aber sein, dass die Fähigkeiten jedes einzelnen Menschen durch sehr viele computergesteuerte Maschinen erweitert und potenziert werden. Dadurch wird so viel Mehrwert erzeugt, dass kein Mensch mehr arm sein muss und auch sicher niemandem mehr langweilig sein wird.

Eco-Technologies

Im Jahr 2100 wird die Bionik die Weltwirtschaft revolutioniert haben.

Bionik ist die Wissenschaft der Nachahmung von Erfindungen, die in der Natur längst vorhanden sind. Bioniker haben entdeckt, dass die Haifischhaut die besten Strömungseigenschaften hat und bauen diese nach. Sie haben entdeckt, wie die Lotusblüte immer sauber bleibt und nutzen dies für die Oberflächenphysik. Vor allem haben sie entdeckt, wie ökologische Kreisläufe funktionieren und revolutionieren damit die ökonomische Kybernetik.

Vergessen Sie alle Modelle aller bisherigen Wirtschaftsnobelpreisträger. Sie sind Stümperei im Vergleich zu den Kreislaufmodellen, die der Regenwald in Jahrmillionen erschaffen hat. (Gebeshuber: Wo die Maschinen wachsen).

Das ökonomischste System der Welt ist der Regenwald. Er erzeugt maximale Vielfalt und Produktivität bei minimalem Ressourcenverbrauch. Jede Ressource wird mehrmals verwendet und in den verschiedensten Formen eingesetzt; in hochkomplexer Selbstorganisation stellt der Regenwald das Funktionieren von Millionen Arten sicher, die sich perfekt aufeinander einstellen.

Der Regenwald ist auch das innovativste System der Erde. Nirgendwo sonst entstehen so viele neue Arten und wurden so viele Produktionsweisen erfunden.

Der Regenwald ist das beste bionische Modell für die hochkomplexe Weltwirtschaft. Seine Funktionsweisen werden im Jahr 2100 selbstverständlich sein.

1. Die meisten Materialien werden sich in Zukunft durch Bakterien herstellen lassen und dafür wird außer Licht und Boden keine künstliche Ressource nötig sein. Bakterien haben drei Milliarden

Jahre lang die Erde beherrscht, sie haben die Sauerstoffatmosphäre, die Eisen- und Kupferflöze erzeugt, sowie alle Kohle-, Öl-, und Gasvorkommen. All diese Grundstoffe lassen sich aus Rohmaterial wie Erde oder Müll gewinnen. Die Chemiefabriken der Zukunft werden aus Bakterienkulturen bestehen.

2. Alle Wirtschaft wird Kreislaufwirtschaft sein. Rohstoffe dürfen nur verwendet werden, wenn ihr Recycling gesichert ist. Wegschmeißen von wertvollen Rohstoffen wird verpönt sein und als Straftatbestand geahndet werden.

3. Die Müllplätze werden die sozialen Treffpunkte der Zukunft. In fortschrittlichen Gemeinden sind sie das heute schon. Jeder bringt hin, was er nicht mehr braucht und holt sich, was er reparieren möchte. Ausmisten der Häuser und Rohstoffgewinnung durch Trennung von Müll wird zum Hobby und Bewegungsprogramm vieler Arbeitslosen und Pensionisten. Müllstirler werden nicht mehr verlacht, sondern als wertvolle Mitglieder der Gesellschaft geachtet, weil sie Bergbau und Umweltsanierung überflüssig machen. Wenn einem fad ist, geht er auf den Mistplatz und sortiert, diskutiert über Verwertungsmöglichkeiten oder baut mit anderen gemeinsam Kunstwerke aus Gebrauchtmaterial.

4. Bionische Fachleute geben Kurse in Wiederverwertung. Müllplätze werden zu Material-Laboren, wo alle Kinder, Jugendlichen und Aussteiger nach Herzenslust mit kostenlosen Materialien experimentieren dürfen. Entdeckungen werden sofort ins Netz gestellt. Die weltweite Materialtechnik bekommt so ständig neue Impulse.

Bei all dem hilft die unerschöpfliche Solarenergie:

Ein Solarfeld von 80.000 km2 würde ausreichen um den Strombedarf der gesamten Erde zu decken. Das ist zirka die Fläche von Bayern oder Österreich. In der Sahara liegen 3,5 Millionen km2 dafür bereit, dort könnte man das 44fache des Weltstrombedarfs erzeugen (Ritter, M: Size matters. Ecowin 2017, S 138).

Neue Einfachheit

2100 wird es die verschiedensten Formen der Integration in das Global Mind geben und die lassen sich im Verlauf des Lebens auch mehrmals ändern. Das Global Mind wird wie ein riesiger Regenwald sein, in welchem jeder der dann 9 Milliarden Menschen seinen Standort jederzeit nach Belieben verändern kann.

Es wird Unternehmer geben, die nach maximalem Einfluss auf die Weltwirtschaft streben, Firmen aufbauen, Macht und Reichtum erwerben. Dazu müssen sie das Global Mind maximal nutzen, ihre Alberich-Kappe ständig aufhaben und ihre ganze Energie dem Mind zur Verfügung stellen.

Es wird User mittleren Ausmaßes geben, die ihre Energie und Kreativität soweit zur Verfügung stellen, dass sie genug Geld verdienen, um ihren Hobbies frönen zu können.

Und es wird Aussteiger, zeitweise oder auf Dauer geben, die sich lieber auf sich selbst und ihr inneres Bewusstsein konzentrieren. Bei vielen werden sich Aussteiger- und Aktivisten-Phasen im Lauf des Lebens abwechseln. Die Aussteiger werden aber nicht verachtet. Vielmehr wird ein Grundkonsens darüber herrschen, dass Introversion und Extraversion 2 Pole eines organischen Rhythmus sind. Im Rückzug entwickelt sich das Individual Mind, in der Aktivität profitiert das Global Mind von den Erkenntnissen aller Menschen.

SAW-Vision 7:

Neue Einfachheit:

Konzentriere dich auf das, was dich glücklich macht. Dann kommst du drauf, dass dir viele Gegenstände nur von der Werbung eingeredet worden sind. Dass sind genau die, die den Planeten kaputt machen, weil wir mit ihrer Produktion zu viel Ressourcen verbrauchen. Der Rohstoff der Zukunft ist Wissen, und dazu reichen unser Hirn und ein Handy. Glücklich machen vor allem immaterielle Dinge (Liebe, Kreativität, Sinn) und die finden in dir selbst statt. Für deinen Erfolg müssen keine Dschungel gerodet und keine Meere zerstört werden. Viel glücklicher macht es, sich an Bäumen und Lebewesen zu erfreuen.

Viele kreative Menschen brauchen den Rückzug, um Neues zu entdecken:

In den Poetry-Slams entdecken die Jungen die Welt der Poesie neu, die lange als von gestern galt. Was gut ist, denn nichts schärft den Verstand mehr für geistige Werte. Wer sich für die Schönheit eines Gedichts begeistert, spürt, worauf es im Leben ankommt.

Musiker leben vom Wechsel zwischen Rückzug und Extraversion. Im Rückzug werden neue Melodien geschrieben, die dann auf Tour vor tausenden Hörern gesungen werden.

Die Mystiker aller Zeiten und Kulturen wussten, dass der Rückzug der Weg zum Wesentlichen ist. Ob Jesus in der Wüste, Mönche im Kloster, Sufis im Tanz, Yogis im Aschram, Zenmeister in der Meditation – alle Weisen wissen, dass Erkenntnis am besten in der Stille erfolgt.

New Health

Der Mensch ist dabei, seine biologischen Grenzen zu überschreiten und sich selbst neu zu erschaffen. Wir werden älter, vernetzter, leistungsfähiger, unser Wirkungsgrad erhöht sich. Insofern wird die Zukunft ganz anders sein, als wir uns das heute vorstellen können (Rene Schroeder, die Erfindung des Menschen).

Gesundheit beginnt mit der Beseitigung der Umweltsünden. Ein rasches Verbot des Dieseltreibstoffs z.B. wird die Allergierate in Mitteleuropa drastisch senken. Diesel verursacht 90% des Feinstaubs. Wenn dieser an den Pollen andockt, werden diese in einer Abwehrreaktion aggressiv und verursachen Entzündungen in der Nasenschleimhaut, die bei genetischer Disposition zu Allergieschüben führen. (SN, 20.2.2017)

Gesundheit setzt sich fort durch die Integrierung alten matriarchalischen Wissens, das in manchen Kulturen, auch in der TEM, der europäischen Hexenwissenschaft, trotz Scheiterhaufen überlebt hat. Schwangerschaft und Geburt sind in matriarchalischen Kulturen heilig. Wenn unsere Kultur diese Werte übernimmt und Schwangeren und Wöchnerinnen jedwede Wertschätzung und Betreuung zukommen lässt, wird die Zahl der psychischen Erkrankungen zurückgehen, da Psychosen auf Frühstörungen zurückzuführen sind. Dies sind Traumatisierungen in der perinatalen Zeit, die aus Notlagen der Mütter vor und nach der Geburt erklärt werden können.

Die Fortschritte der Schulmedizin werden den Menschen im Jahr 2100 ewige Gesundheit und ewiges Leben ermöglichen, zumindest im Prinzip. Die Schulmedizin wird bio-psycho-sozial sein, d.h. sie wird alle Erkenntnisse von Natur- u Sozialwissenschaften nutzen, um die jeweils gesündesten Vorsorgemaßnahmen im jeweiligen Umfeld zu definieren. Die 4 Säulen der Gesundheit (Bewegung-Ernährung-Entspannung-Motivation) werden immer noch gelten, aber mit wesentlich detaillierteren Modellen, welche Rhythmik, Lebenslaufgestaltung und Humanökologie einbeziehen. Krankheiten werden vermieden, da die Messung aller Körperparameter, die Auswertung aller emotionalen Faktoren, sowie Sinn-Erfolgs-Ziel-Auswertung zu jeweils spezifischen Reha- und Gesundheitsmaßnahmen führen.

Es wird normal sein, dass der Mensch zu einem regelmäßigen Service in einer Reha-Station erscheint, wo die Ärzte ihm ein Maßnahmenpaket empfehlen, das Gesetzeskraft hat und jeder Arbeitsverpflichtung vorgeordnet ist. Die Reha-Maßnahmen zum Erhalt lebenslanger Gesundheit und eines möglichst langen Lebens können reichen von: einem kurzen Krankenstand, einem Spitalsaufenthalt mit Bio-Reparaturmaßnahmen, einem 6-12 wöchigen Trainingsaufenthalt in einem Reha-Camp bis zu einer mehrjährigen beruflichen Umorientierung mit neuer Ausbildung.

Das durchschnittliche Lebensalter im Jahr 2100 wird 100 Jahre betragen. Allein diese Dauer macht eine mehrmalige Umorientierung im Laufe eines Lebens nötig. Die Wahl von mehreren Berufen im Lauf eines Lebens dient der Entwicklung einer möglichst reifen generellen Intelligenz und der Gewinnung von Erkenntnissen, die nur durch Langzeitstudien möglich sind.

Im Prinzip wird der Mensch im Jahr 2100 unsterblich sein (Dies wird durch Eigenorganzüchtung, Stammzelleninfusionen, Embryonalbluttransfusionen und Entzifferung des Axolotl-Gliedmaßenwachstums möglich werden). Deshalb werden manche Menschen auch 150 Jahre oder älter werden.

Die meisten Menschen entscheiden sich aber ab dem 100. Lebensjahr für einen natürlichen Tod durch Einstellung der Lebenserhaltungsmaßnahmen, da ab dann die Lebenskraft insgesamt nachlässt und ein Leben als immer eingeschränktere Mumie wenig attraktiv ist. Hingegen winkt nach dem allgemeinen Glauben an die Reinkarnation eine Wiedergeburt in einem jungen Körper nach geistiger Neuorientierung in der Anderswelt. Dies wird den meisten Menschen sinnvoller erscheinen als ein ewiges Siechtum.

Life-Design

Wenn die Psychologie das Funktionieren von Mensch und Gehirn entschlüsselt und die psychischen Krankheiten ausgerottet hat, werden die Psychologen zu Life-Designern werden. Sie beraten die Menschen in der Definition und Gestaltung ihrer Lebensziele, bringen ihnen Erfolgsstrategien bei, wie sie ihre Lebensziele erreichen und damit glücklich werden. Es wird dann Spezialisten für so ziemlich jede menschliche Fähigkeit geben, auch für die, die heute noch gar nicht entdeckt sind.

Durch die Strategien der positiven Psychologie, des Selbstbewusstseins und der Selbstbewertung wird jeder Mensch seinen Wert selbst definieren und selbst evaluieren und dadurch unabhängig von jeder Fremdbewertung werden.

Gleichzeitig wird er lernen, optimal zu kommunizieren, sich sozial zu verhalten und dadurch viel Anerkennung von seiner Gemeinschaft zu akkumulieren.

Im Normalfall wird jeder Mensch des Jahres 2100 sein wichtigstes Lebensziel erreichen, egal, welche Form und welchen Inhalt dieses Ziel hat, egal, ob es sich dabei um eine Reise zum Mars, die Entdeckung einer neuen Wissenschaft oder die Beglückung einer möglichst großen Zahl von Anhängern handelt. Die Zielerreichung wird ohne Zeitstress angestrebt werden, da jeder Mensch mehr als genug Lebenszeit zur Verfügung hat und deshalb erst nach Erreichung des Ziels mit einem natürlichen Tod einverstanden sein wird. Sollte ein Ziel 200 Jahre bis zu seiner Verwirklichung brauchen, dann wird der Träger dieses Ziels eben solange durchhalten, trotz Gelenksschmerzen und schlechtem Kreislauf.

New Social Structures

Der neue Dorfplatz ist heute global. Als am Dorf jeder jeden kannte, wirkte das als soziale Kontrolle diversem Fehlverhalten entgegen. Man überlegte es sich dreimal, ob man sich durch übertriebenes Verhalten der Lächerlichkeit preisgab.

Es scheint, als hätten die meisten Menschen die Anonymität der Städte satt und sehnten sich danach, wieder öffentlich wahrgenommen zu werden. In den sozialen Medien gibt man beinahe alles von sich preis, um Feedback zu bekommen. Die chinesische Regierung nutzt die preisgegebenen Netzdaten, um seine Bevölkerung zu sozial erwünschtem Verhalten zu animieren. Anonymität gibt es nicht mehr, von jedem Chinesen wird ein Internet-Profil erstellt, das sein Verhalten bis ins letzte Detail kartiert. Im Persönlichkeits-File ist gespeichert, ob und wie einer gesund lebt, ob er sich sozial oder kriminell verhält, ob er sparsam oder verschwenderisch mit seinen Ressourcen umgeht, ob er sich fortbildet oder nicht. Im zentralistischen System der KPCh wird dieses Profil in Gutpunkte übersetzt. Wer eine hohe Punktezahl hat, bekommt soziale Vorteile, eine Mitgliedschaft in der KPCH, einen günstigeren Kredit, bessere Ausbildungsmöglichkeiten, eine schönere Wohnung.

Man mag dieses System verurteilen, aber in China ist es bereits Realität und im Jahr 2100 wird es auf der ganzen Welt gelten. De facto gibt es ähnliche Systeme auch in Europa und Amerika, sie sind aber viel intransparenter (Die Pluspunkte werden hier vor allem durch den Reichtum der Eltern und deren Vernetzung in der Elite bestimmt). Tatsächlich ist das chinesische System der Internetkontrolle eine Demokratisierung der sozialen Aufstiegsmöglichkeiten, da auch Kinder von Slum-Bewohnern bei guter kognitiver und sozialer Intelligenz bis in die höchsten Kreise aufsteigen können.

Durch die vielfältigen Evaluationsparameter des Internets wird die Durchlässigkeit der Klassengesellschaft, die in allen Ländern soziale

Realität ist, erhöht. Die Ziele der Mächtigen verändern sich vom Erhalt der Macht der herrschenden Elite hin zur möglichst optimalen Nutzung der kognitiven Ressourcen der ganzen Bevölkerung. Was die liberale Gesellschaft seit 100 Jahren predigt, aber keineswegs einhält (Der Geistesadel ist der neue Adel, jeder Kluge hat die Chance, bis in die höchsten Kreise aufzusteigen) wird durch die exakte Datenauswertung der individuellen Leistungen und Fähigkeiten erst Realität. Dadurch entsteht eine soziale Flexibilität, wo der einzelne Mensch entsprechend seiner Begabungen und Motivationen mehrmals in seinem Leben sowohl seine Schichtzugehörigkeit als auch seinen Beruf, sein Wirkungsfeld und seinen Sinnzusammenhang verändern kann. Dies garantiert die optimale Ressourcen- und Begabungsausnutzung der 9 Milliarden Menschen.

Dies wirkt unserem evolutionären Erbe der Hierarchiebildung durch Prestige entgegen, das in der Vergangenheit die Nutzung des Begabungspotentials von 90% der Bevölkerung blockiert hat. Die verbesserte Talentnutzung führt im Jahr 2100 zu einer Potenzierung des Innovationsschubs, zu einer Steigerung der individuellen Lebenszufriedenheit und damit zu einer Befriedung sozialer Spannungen.

Peace in Mind and Society

Glückliche Menschen sind friedlich. Wer mit seinem Leben zufrieden ist, hat wenig Lust, sich mit seinen Nachbarn, mit Einwanderern, Politikern, möglichen Feinden oder wem auch immer anzulegen. Wer ein positives Ziel im Leben hat, wird sich vorzugsweise damit beschäftigen und wenig Sinn darin sehen, anderen Steine in den Weg zu legen.

Wir Menschen haben täglich die Wahl, uns über Unerfreuliches aufzuregen oder uns über Erfreuliches zu begeistern. Da im Jahr 2100 jeder Mensch die Chance hat, sich mit Themen zu beschäftigen, die ihn motivieren, wird es absolut verpönt sein, über misslungene Chancen zu jammern oder neidvoll den Erfolg des Nachbarn schlecht zu machen.

Kümmere dich um dein eigenes Leben und werde damit glücklich, wird die gängige Devise sein. Wenn du weißt was du willst, stellen wir dir alle Mittel zur Verfügung, die du brauchst, um glücklich zu sein.

Frieden entsteht aus der Erfüllung der eigenen Lebensmotivation, egal, wie die aussieht und wovon sie gespeist ist.

Wenn du gern über eine Skisprungschanze fliegst, wunderbar. Wir zeigen dir wie das geht und bieten dir alle Trainingsmöglichkeiten, damit du Weltmeister wirst.

Wenn du Orang-Utans toll findest, wunderbar. Wir fliegen dich in den Dschungel von Borneo, integrieren dich in ein Primaten-Forschungscamp und lehren dich, wie man Orang-Babys, deren Mütter getötet wurden, großzieht. Dafür brauchst du zwar 8 Jahre Zeit, aber danach kannst du in Nature oder National Geographic tolle Erkenntnisse zur Primatenforschung publizieren.

Wenn du vom Leben auf dem Mars träumst, toll. Wir bilden dich zum Astronauten aus, schicken dich auf die nächste Mars-Mission, dort kannst du dann mit extraterrestrischem Ackerbau experimentieren und Mitglied der ersten Mars-Kolonie werden. Deine Nachkommen haben dann alle Chancen, zur Elite der zukünftigen Mars-Zivilisation zur gehören.

Friede ist die Folge von Weisheit. Weisheit entsteht aus dem Finden des Lebenssinns. Der Lebenssinn jedes Menschen ist einmalig. Die Gesellschaft der Zukunft wird optimale Bedingungen schaffen, dass jeder seinen Sinn findet und lebt.

SAW-Vision 8:

Peace in mind and society:

Gewalt in jeder Form ist international geächtet, ob auf individueller, nationaler oder internationaler Ebene, da sie immer neue Gewalt und neues seelisches Leid erzeugt. Macht darf nur mit friedlichen und demokratischen Mitteln angestrebt werden. Zum Frieden trägt auch bei, dass die Menschen ihre Haustiere lieber gernhaben als sie aufzuessen.

Krieg und Zerstörung sind im Jahr 2100 geächtet; Rache, Neid und negative Ziele sind out. Wenn in Zukunft einer Rache als sein Lebensziel angibt, wird er in ein Reset-Camp geschickt, wo Psychologen solange mit ihm reden, bis er ein positives Lebensziel gefunden hat und seinen Peinigern vergibt.

Denn Friede ist möglich, auch wenn er manchmal Geduld braucht: Februar 1917: Österreich hält Serbien besetzt, nachdem der Konflikt Serbien-Österreich den ersten Weltkrieg mit 50 Millionen Toten ausgelöst hat. Februar 2017: "Österreich ist der Anwalt Serbiens in der EU" (Bundeskanzler Kern am 17.2.17)

Meeresökologie

Das Meer ist das größte Ökosystem der Erde, da 75% der Erdoberfläche von Wasser bedeckt sind. Das Meer ist gleichzeitig die große Unbekannte, da die 4 km tiefe Tiefsee noch kaum erforscht ist.

75% der Biomasse unseres Planeten sind nach wie vor ein großes Rätsel. Obwohl wir keine Ahnung haben, was da vor sich geht, haben die kommerziellen Interessen unserer Fischereiindustrie scheinbar nur ein einziges Ziel: Das größte Ökosystem unseres Planeten nachhaltig zu zerstören. Wir rotten die Fische aus, in die

Lücke stoßen Quallen und Tintenfische vor und was am Ende dabei herauskommt, keine Ahnung.

Nun hat das Meer schon verschiedene Katastrophen überlebt. Vor 250 Millionen Jahren wurden 90% der Meeresfauna ausgerottet, vor 65 Millionen Jahren starben die Ammoniten und Belemniten aus. Deren Skelette findet man heute nur mehr im Sedimentgestein der österreichischen Alpen, im Meer haben andere ihren Platz eingenommen.

Also, was soll´s, dann gibt es halt 2100 nur mehr Quallen im Meer, weil wir die Thunfische ausgerottet haben, die bislang die Quallen gefressen haben. Dann kann man halt im Meer nicht mehr baden, weil Attacken von Quallen eine höchst schmerzhafte Angelegenheit sind.

So einfach sollten wir es uns aber nicht machen. Die Meeresbiologie weiß schon viel zu viel, als dass wir uns weiter dumm stellen könnten.

Wir wissen z.B. dass die Pottwale den Ressourcenaustausch zwischen Oberflächen- und Tiefenwasser regulieren. In der Tiefsee stehen die Riesentintenfische an der Spitze der Nahrungskette, die von den Nährstoffen lebt, die von der Oberfläche in die Tiefe sinken. Die Pottwale fressen die Tintenfische und düngen mit ihren Ausscheidungen das Oberflächenwasser – ein perfekter Kreislauf.

Es war also keine gute Idee, die Pottwale an den Rand des Aussterbens zu harpunieren – Moby Dick und Kapitän Ahab hin oder her.

Wir wissen auch, dass das Meer der Hauptmotor des Weltklimas ist. Im größten Ozean der Welt sorgt alle paar Jahre das El-Nino-Phänomen dafür, dass das Wetter auf der ganzen Welt verrücktspielt. Dann gibt es Überschwemmungen in Europa, Dürren in Indien und Australien und die Weltgetreideernte bricht ein.

Ist es also wirklich egal, was im Weltmeer passiert und was der Mensch mit dem Meer anstellt? – Wohl nicht.

Die Menschheit 2100 wird das Meer hüten wie einen Augapfel, damit die Weltgetreideernte keinen Schaden nimmt und niemand verhungern muss:

SAW-Vision 9:

Save the Seas:

Die Meeresnutzung wird nur mehr nahe der Oberfläche erlaubt sein, in Form von Aqua- u Algenfarmen. Die Farmen gruppieren sich rund um Floating Marine-Cities, die durch Wind-, Wellen- und Treibankerturbinen energieautark sind und vor allem in Äquatornähe das Meer bewohnbar machen. Die Regeneration der Meere wird durch kontinuierliche Ausweitung der Meeresschutzgebiete erreicht, in denen sich die Fauna erholen kann.

Das Meer, in dem das Leben entstanden ist und das das Leben auf unserem Planeten garantiert, wird zu einer riesigen Naturschutzzone. 75% des Meeres werden zum Schutzgebiet, wo Fischerei absolut verboten ist. Die UNO-Marine bringt in diesen Gebieten illegale Fischereiboote auf, egal, ob sie aus Japan, Norwegen oder Chile stammen, egal ob sie kommerziellen oder wissenschaftlichen Fischfang auf ihre Fahnen schreiben, und droht mit deren sofortiger Versenkung. In den Schutzzonen dürfen sich die Fischbestände und die marinen Ökosysteme ungestört erholen und entwickeln.

Natürlich gibt es Nutzungszonen, wo der Mensch das Meer auf allen Ebenen erobern darf. Der normale Weg der Nahrungsgewinnung aus dem Meer werden die Aqua- und Algenfarmen sein, die zunächst in allen Küstenregionen wachsen und gedeihen werden.

In allen Äquatorregionen wird es bald Floating Marine-Cities geben, das sind Meeresfarmen mit Verarbeitungs- und Wohnstrukturen, die frei im Meer treiben, die Fischfarmen daher optimal mit Nahrung versorgen und den Planktonströmen hinterherreisen können. Durch Ausnutzung der Meeresenergie (Wind-, Wellen-, und Treibankerturbinen) sind diese Inseln energieautark, können sich in jede Richtung bewegen, Stürmen ausweichen und Absatzgebiete ansteuern. So kann eine Floating City im Antarktischen Sommer ins Südpolarmeer reisen und im Winter wieder in Äquatornähe driften, nachdem es in Rio de Janeiro, Buenos Aires, Kapstadt und Luanda seine Ernte abgeliefert hat.

Die Schiffe der Zukunft fahren nicht mehr mit giftigem Schweröl, sondern mit elektrisch gesteuerten Windsegeln, die gleichzeitig Sonnensegel sind und damit den Strom der Schiffsmotoren antreiben.

Gleichzeitig erobert die Menschheit den Meeresgrund. Zunächst in den Schelfgebieten, wo Meeresgrundwohngebiete einen herrlichen Ausblick auf die Meeresfauna bieten. Ein Baukonzern entwickelte in Japan die „Ocean Spiral“ als Modell für die Stadt unter Wasser: Eine Transportspirale verbindet gläserne Stadtkugeln. Die Temperaturunterschiede zwischen Oberflächen- u Tiefenwasser werden für die Energiegewinnung genutzt. Rund um die Kugeln gibt es Fisch- u Algenfarmen, das Trinkwasser wird durch Entsalzung gewonnen. Die Meeresgrundressourcen können schonend abgebaut werden.

Des Weiteren auch in der Tiefsee, vor allem über den Mittelozeanischen Rücken, wo der Auftrieb der Hitze der Black Smoker zur Energiegewinnung genutzt wird und Tiefseefarmen die dortige Meeresfauna erforschen und abweiden.

9 Milliarden reiche Menschen

So könnte die Finanzwelt des Jahres 2100 aussehen:

Durch Blockchain und Computergeld ist das Finanzwesen seit dem Jahr 2020 demokratisiert. Geld ist nichts anderes als das kumulierte Vertrauen der 9 Milliarden Menschen in das zukünftige Wirtschaftswachstum. Staaten und Banken haben es schon lange aufgegeben, dieses Vertrauen steuern zu wollen, denn im Global Mind des Internets hat sich das als unmöglich herausgestellt. Auch der absolute Wert der Geldmenge in den Computern ist völlig nebensächlich, denn egal, wer das Geld kreiert, der tatsächliche Wert der Computer-Coins richtet sich nach dem Vertrauen der 9 Milliarden Menschen in die Zukunft der Weltwirtschaft. Sehen alle Chancen für sich und ihre Zukunft, dann haben sie auch mehr Geld, weil der Wert ihrer Coins steigt. In Zeiten der Krise sinkt der Wert der Coins, alle müssen sparen und sind kurzfristig weniger reich. Das Geldsystem passt sich damit immer wieder an den Realwert der Weltwirtschaft an, ohne dass Staaten oder Milliardäre diesen Prozess manipulieren und ausbeuten können.

Da die Weltwirtschaft ständig wächst, werden auch alle ständig reicher und zwar nicht nur das oberste 1%, sondern 100% der Menschen. Unproduktive Banken und Börsen, die kein Realeinkommen erzeugen, gibt es nicht mehr. Das Kreditsystem ist durch Crowd Funding im Internet ersetzt. Gute Ideen setzen sich im Internet sehr schnell durch. Die Menschen tragen ihr Geld nicht mehr auf eine nichtvorhandene Bank, sondern investieren ihr Erspartes direkt in interessante Startups, durch Blockchain-Überweisungen. Börsen sind überflüssig und Börsencrashs gehören der Vergangenheit an. Die Menschen verlieren manchmal Geld, weil ein Startup nicht profitabel ist, meistens aber gewinnen sie und können ihr Kapital wachsen lassen. Deswegen gibt es keine Armen mehr.

In einer Übergangsphase bis 2060 wurden diese nämlich abgeschafft. Immer mehr Menschen schlossen sich der Gemeinwohlökonomie an und spendeten überschüssigen Reichtum an die Mikrokreditbanken für Arme, die damit allen Bedürftigen ein kleines Startkapital gaben, mit dem diese sich eine Existenz aufbauen konnten. Durch die Spenden bekam jeder einen Teil seines Startkapitals geschenkt, hatte daher niedrige Rückzahlungsraten oder musste keine Zinsen zahlen.

Durch dieses Gemeinwohlsystem stiegen alle Afrikaner und alle Slumbewohner in Asien und Südamerika innerhalb einer Generation in die Mittelschicht auf, was das politische System in aller Welt stabilisierte.

Wissenschaftlicher Fortschritt

Ab 2020 verdoppelt sich das Wissen der Menschheit alle 0,4 Jahre. Je mehr Menschen sich an der Wissensgenerierung beteiligen, desto exponentiell schneller wächst das Wissen und verändert sich, sodass es sinnlos ist, einen traditionellen Wissenskanon zu unterrichten. Wissenschaftler unterteilen sich nicht mehr in Natur- und Geisteswissenschaftler, sondern in Spezialisten und Generalisten.

Nur Spezialisten können in einem Spezialgebiet den Überblick behalten, neue Versuchsdesigns entwerfen und lege artis Hypothesen überprüfen. Sie erzeugen Einzelergebnisse.

Generalisten machen Metastudien, fassen tausende Einzelergebnisse zu großen Trends zusammen.

Heuristen entwerfen neue Gedankengebäude und legen sie den Spezialisten zur empirischen Überprüfung vor. Die gesamte theoretische Physik besteht seit 2010 aus Heuristen, die mit nicht-überprüften Phänomenen arbeiten. In ähnlicher Weise bestand die Tiefenpsychologie von 1900 bis 1938 aus Heuristen, deren Thesen erst 100 Jahre später von der Neurophysiologie bestätigt oder verworfen wurden.

Analogisten transponieren Erkenntnisse aus einer Wissenschaft in eine andere und arbeiten mit den verschiedensten Theoriegebäuden, um neue Thesen zu entwickeln. Diese Arbeit geschieht oft intuitiv, manchmal sogar im Traum.

Der Benzolring etwa wurde durch die Transponierung der geometrischen Kreisform in die Chemie entdeckt, dabei wurde erstmals die dreidimensionale geometrische Anordnung der Moleküle beachtet. Ohne geometrische Chemie gäbe es keine C60-Kugeln mit völlig revolutionären Eigenschaften.

Wissenschaftsdiplomaten vermitteln zwischen Grundlagenwissenschaft und Wirtschaft einerseits, zwischen Wissenschaft, Politik und Gesellschaft andererseits. Die Idee der wertfreien Wissenschaft wurde 2019 als Trugschluss entlarvt und zu Grabe getragen. Wissenschaftsergebnisse werden immer von der Fragestellung beeinflusst (Unschärferelation nach Heisenberg).

In den ersten Jahrzehnten des 21. Jhdt. werden auch die dogmatischen Streitigkeiten zwischen Spezialisten und Generalisten darüber beendet, was denn nun Wissenschaft sei. Es gilt nun der Grundsatz, dass Wissenschaft umso fruchtbarer ist, je mehr Denkansätze möglichst vieler Menschen darin einfließen. Induktion ohne Deduktion ist nicht möglich und umgekehrt. Auch wird die Hochnäsigkeit der Professoren beendet, die alle Autodidakten aus der Fortschrittsdiskussion ausschlossen, unter dem Vorwand, die würden ja keine Ahnung haben. Die Wissenschaftsgeschichte zeigt vielmehr, dass viele bahnbrechende Erfindungen von Autodidakten gemacht wurden (Erbgesetze, Kontinentaldrift, Schiffsschraube, Schreibmaschine, etc.).

In die wissenschaftlichen Netzwerke darf sich jeder Interessierte einklinken und dumme Fragen stellen, die schlimmstenfalls ignoriert werden, oft aber neue Denkansätze bringen. Die Reduzierung der Diskussion auf führende „Experten“ erwies sich als Sackgasse, in der oft überholte Theoreme länger als nötig vor der Falsifizierung geschützt und abgeschottet wurden (Musterbeispiel ist die theologische Dogmatik, welche die Erkenntnisse der Neuzeit lange verbot und damit die Revolution der Aufklärung auslöste). Im 21. Jhdt. wird Wissenschaft nach dem Prinzip der „Brainstormings“ geführt: Jeder darf denken, fantasieren und Ideen ins Netz stellen. Die Algorithmen der KI führen ähnliche Ideen zusammen, daraus entstehen Denkmodule von Arbeitsteams, die weltweit an bestimmten Sachgebieten arbeiten.

Spielerische Zukunftswerkstätten

Zu Beginn des 21. Jhdt. war Silicon Valley bei San Franzisco die Ideenwerkstatt der Computerwelt. Seitdem wurden auf der ganzen Welt Tausende Silicon Valleys gegründet, oft in der Nähe von Universitäten, um die gebündelte Power großer Denkteams zu nutzen. Diese Technologiezentren haben sich inzwischen nach außen geöffnet, viele „Normalsterbliche" ziehen dort ein und dadurch ergeben sich immer neue Befruchtungen.

Ich habe meine psychologische Praxis seit 10 Jahren im Salzburger Technologiezentrum TechnoZ, das seit 30 Jahren und aus 99 Firmen besteht. Beim Mittagessen, im Kaffeehaus oder bei Co-Working-Aufträgen entstehen neue Ideen und Synergien. Die Techno-Z-Zentrale sorgt für die Infrastruktur und vermittelt bei Anfrage die richtigen Partner. So schließen sich sogar Psychologie und Informatik zu neuen Arbeitsfeldern zusammen, wie man auch an diesem Buch sehen kann.

In Zukunft wird jedes Technologiezentrum Spielräume für Kinder haben, angeschlossene Betriebskindergärten und Schulen. In den Experimentierräumen können Kinder sich früh die Grundlagen der Informatik, Biologie, Soziologie, etc. erarbeiten. Durch diese Kinderunis werden auch Mädchen früh an die Technik herangeführt, andererseits zwingen die unbefangenen Fragen der Kinder die Experten dazu, manches einfacher zu erklären oder aus einem neuen Aspekt zu betrachten.

Kulturelle Vielfalt

Es gibt derzeit auf der Welt 5000 Kulturen mit sehr unterschiedlichen Denksystemen und Prämissen, obwohl in den letzten Jahrhunderten viele indigene Stämme ausgerottet oder ihre Traditionen vernichtet wurden.

Auf Grund des Freund-Feind-Schemas wurden bis 2025 andere Kulturen als Bedrohung oder als minderwertige Feinde angesehen. Dies, obwohl alle großen Städte der entwickelten Welt bereits ab dem Jahr 2000 aus bunten Multi-Kulti-Mischungen bestehen.

Die Feind-Ideologie wird im 21. Jhdt. auch de facto durch die Gleichwertigkeit aller Menschen und Kulturen ersetzt. Man geht davon aus, dass jedes kulturelle System ein Experimentierfeld zur Überprüfung bestimmter Prämissen darstellt. Jede Menschengruppe hat das Recht und die Freiheit, eine Theorie experimentell zu erforschen, selbst dann, wenn alle anderen Menschen dies für ausgemachten Blödsinn halten. So dürfen die Kreationisten behaupten, dass Gott die Welt vor 6000 Jahren erschaffen hat und es daher keine Evolution gibt. Da diese Theorie immer wieder falsifiziert wird, wird sie mit der Zeit weniger Anhänger haben und von selbst verschwinden, eine Zensur mit Denkverboten ist dazu nicht nötig. Umgekehrt weiß man, dass jede Zensur und sei sie noch so gut gemeint, in der Regel wichtige neue Erkenntnisse blockiert. (So war die katholische Inquisition dem Schutz der göttlichen Lehre gewidmet, existiert noch heute im Vatikan, ihr Leiter wurde sogar Papst. Der Einfluss der Inquisition auf das Wissen der Menschen nimmt aber seit 500 Jahren kontinuierlich ab).

Jede Kultur ist ein Experimentierfeld mit einer jahrhundertelangen empirischen Tradition, aus der die Weisen der Kultur wichtige Erkenntnisse destilliert haben, welche die Stärken dieser Kultur ausmachen, da sie aus der optimalen Anpassung auf das ökosoziale Umfeld dieser Kultur entstanden sind. So wissen die Amazonas-Stämme am meisten über den brasilianischen Regenwald, die darin wirkenden ökologischen Kreisläufe und die einmaligen Heilpflanzen ihres Gebietes. Es wäre dumm, dieses Wissen zu ignorieren oder, wie in der Vergangenheit oft geschehen, gänzlich zu vernichten.

Die europäische Kultur ist unschlagbar in der Erfindung technischer Apparate, die indische führend in der Erforschung geistiger, mathematischer und spiritueller Welten, die chinesische im homöostatischen Ausgleich von polaren Gegensätzen, die arabische in der draufgängerischen Assimilation anderer Kulturen, die afrikanische in der Entwicklung von Rhythmus, Musik, Tanz und Malerei.

Die Globalisierung hat längst zu einer Durchmischung all dieser Kulturen geführt, die nicht mehr rückgängig gemacht werden kann, allen nationalen Reinheitsgedanken zum Trotz. Der große Einfluss der jüdischen Kultur auf die Wissenschaft geht auf die 2000-jährige Geschichte der Aneignung fremden Wissens unter Bewahrung der eigenen Identität zurück. Die multikulturellen Beeinflussungen werden in Zukunft vorbehaltlos begrüßt werden, da die Neugier der Menschen keine Grenzen kennt.

Die globale Unterhaltungsindustrie hat in Film und Musik diese Entwicklung bereits im 20. Jhdt. vollzogen. Jedes Land begann zunächst mit nationalen Filmen, wie etwa dem deutschen Heimatfilm. Das wurde aber dem Publikum bald langweilig und es sah sich lieber amerikanische Filme aus Hollywood an. Inzwischen sind auch die standardisierten Hollywood-Filme mit ihren abgedroschenen Chambres fad (Krimi, Western, Thriller, Film Noir, Liebeskomödie), Bollywood, Hongkong und afrikanische Independent Movies bringen neue Ideen und reüssieren. So saugt die Filmindustrie nach und nach alle Ideen aller Kulturen in sich auf, um unterhaltsam zu bleiben und fördert damit die globale Multi-Kulti-Perzeption. Ähnliches gilt in der Musikindustrie, die jedes Jahrzehnt neue Independent-Strömungen entwickelt (die bald Mainstream und wieder langweilig werden) und ständig nach fremden Inhalten hungert.

Glück

SAW-Vision 10 :

Happiness:

2100 wird jeder Mensch sein Leben nach eigenem Interesse und eigener Motivation gestalten können. Bezahlt werden dann Aufmerksamkeit, Engagement und Wirkung auf andere. Überflüssige Aktivitäten verschwinden schnell vom Markt.

Schon jetzt ist in den Sozialen Medien Aufmerksamkeit die neue Währung. Der Wert einer Seite richtet sich nach Klicks und Followern. Aus der Zahl der Klicks lässt sich leicht eine Bezahlwährung generieren. Dies geschieht schon jetzt, gute Blogger können von den Klicks der vielen Follower leben. Das gesamte Marketing verlagert sich ins intelligente Netz, aus dem uninteressante und dumme Beiträge automatisch gelöscht werden, wenn sie längere Zeit keine Klicks erhalten.

Dadurch entsteht eine neue Ökonomie, die von Motivation und Interesse gesteuert wird. Nur wenn man selbst von einem Thema begeistert ist, kann man damit auch Zielgruppen erreichen und Klicks generieren. Bereits in der Schule werden Kinder angehalten, ihre besonderen Interessen auszubauen und möglichst originelle Topics zu generieren. Im Netz wird man nur mehr mit Originalität und Kreativität bestehen können. Daher ist es völlig unökonomisch, sich mit Themen zu beschäftigen, die einen langweilen, denn Langeweile ist der schnelle Tod jeder Internetseite.

Von Nobelpreisträger Konrad Lorenz ist eine Erklärung überliefert, wie er Nobelpreisträger wurde: „Ich habe immer nur das gemacht, was mir am meisten Spaß gemacht hat. Ich habe halt gerne Tiere beobachtet, andere tun anderes gerne." Dieses Motivationsrezept gilt heute schon bei allen erfolgreichen Menschen, in Zukunft wird Motivation der neue Wirtschaftsmotor sein.

Die Glückspsychologie hat erforscht, dass das Leben zum einen kurze Glücksmomente bietet, die unberechenbar sind und rasch vergehen. Dauerhaftes Glück gibt es nur im Flow-Zustand. Der Flow wird erreicht, wenn man sich über lange Zeit auf seine Lieblingstätigkeit konzentriert und sich das gesamte Gehirn auf die Tätigkeit ausrichtet, die dem jeweiligen Menschen am sinnvollsten erscheint.

2100 werden die Kinder die Flow-Technik in der Schule lernen. Die Welt wird dann aus 9 Milliarden glücklichen Menschen bestehen, die sich ohne Einschränkungen über Jahre mit ihrer Lieblingstätigkeit beschäftigen und diese dadurch zur Meisterschaft bringen.

Das Bruttoglücksprodukt, das heute schon in Bhutan gilt (Ha Vin Tho 2014) wird 2100 weltweit das Bruttosozialprodukt als wichtigste Kennziffer ablösen.

Neues Bewusstsein

Zurzeit gibt es 2 große kognitive Bewegungen auf unserem Planeten:

1. Die Wissenschaft, die dabei ist, das Unterste zu Oberst zu kehren und unsere Welt völlig neu zu definieren und neu zu erschaffen.

2. Die Esoterik-Szene, die dabei ist, allen bestehenden Religionen ernsthaft Konkurrenz zu machen. Sie wird von der Wissenschaft belächelt, da sie ja unwissenschaftlich ist. Sie wird von den Religionen bekämpft, da sie angeblich heidnischen, östlichen oder sonst wie teuflischen Ursprungs sein soll.

Den Esoterik-Jüngern es herzlich egal, was die Bischöfe und Imame von ihnen halten. Seit der Hexenverbrennung und dem IS-Terror hören sie nicht mehr auf mächtige Religionsverwalter.

Sie sehen auch die Wissenschaft kritisch, denn die ist dabei, den Planeten und die Weltwirtschaft zu ruinieren, belehrt hochnäsig von oben und macht dabei nicht einmal die eigenen Hausaufgaben. Leute, die uns die AKWs, die Atombombe und die Erderwärmung eingebrockt haben, gelten vielen nicht unbedingt als Experten für die Rettung der Welt.

Esoteriker wenden sich lieber ins eigene Innere, finden dort meditative Praktiken, Engel, gute Geister, Reiki-Energien, Lichtwesen und Erleuchtung, die Magie der heilenden Steine und Pflanzen, helfende Tierwesen und vieles andere mehr.

All diese inneren Welten erscheinen ihnen schöner als alles, was die Wissenschaft uns derzeit zu bieten hat.

Eh klar, die Flucht in die Fantasiewelt, die ist halt einfach. Einbilden kann man sich viel.

Aber man sollte die „Spinner" nicht zu sehr belächeln, denn damit wird man sie nicht los. Die Esoteriker tun das, was die Menschen seit 70.000 Jahren machen, wenn sie nicht mehr weiterwissen. Sie konstruieren sich ein neues Weltbild, um die enormen Datenmengen zu integrieren, die nicht einmal von den Computern erfasst und dargestellt werden können.

Sie glauben an ein Neues Zeitalter, ein Neues Bewusstsein, „the Age of Aquarius", besungen schon vor 50 Jahren im Musical „Hair". In diesem Neuen Zeitalter erlebt die Menschheit eine enorme Bewusstseinserweiterung, lernt, mit Telepathie, Intuition und geistiger Entwicklung umzugehen, wird friedlich und vegetarisch, sucht die eigene Seele und das Bewusstsein des Universums.

Das ist so falsch wieder nicht. Eine solche Vision kann fast jeder unterschreiben, auch wenn keiner beweisen kann, worum es sich dabei genau handelt. (Auch wenn immer mehr Yogis aus Indien und

Zen-Meister aus Japan auftauchen, die uns genau erklären, mit welchen Übungen wir dort hinkommen).

Blöderweise passiert den Physikern gerade etwas Peinliches. Ihre unbewiesenen Theorien von Multiversum, Branen, Parallelwelten, Quanteninformation, Beamen und allen möglichen unsichtbaren Energien sind noch viel verrückter als alles, was den Esoterikern je eingefallen ist. Zwischen dem Urknall und der Erschaffung der Welt durch Gott besteht phänomenologisch kein großer Unterschied. Was die Kardinäle sehr versöhnlich stimmt, denn göttliche Schöpfung und physikalische Erschaffung aus dem Nichts sind theologisch sehr kompatibel.

Diese Ähnlichkeit in der Verrücktheit der Theorien könnte dazu führen, dass bis 2100 die Ignoranz zwischen Esoterik und Wissenschaft zu einer allmählichen Koexistenz und am Schluss zu einer Kooperation führt. Denn wenn die kleinsten Teilchen, die Quanten, 11-dimensionale Informationsträger jenseits der Raumzeit sind (anders funktioniert die Physik nicht mehr), dann öffnet dies der geistigen Interpretation der Physik Tür und Tor.

Das neue Bewusstsein des Jahres 2100 könnte so aussehen:

„Alles was es gibt, Tiere, Pflanzen, Planeten, Engel und Menschen sind Emanationen des energetischen Bewusstseinsuniversums, das an jedem Punkt der Raumzeit geistige Hologramme erschaffen kann, die durch viele Wiederholungen, Erinnerungen und Übungen zur Wirklichkeit werden, an die wir glauben. Das ganze Universum, von den Strings, den Quanten, den Planeten bis zu den Galaxien und Parallelwelten ist göttlich und kann alles erschaffen, was sich die an einem Raumpunkt existierende Monade, z.B. der Mensch, nur vorstellen kann."

Verrückt, nicht?

Aber es könnte sein, dass dieses verrückte Weltbild der Konsens ist, auf den sich Esoteriker und Quantenphysiker im Jahr 2100 einigen werden.

(Dem Papst wird das nicht recht sein, aber laut Nostradamus gibt es den dann längst nicht mehr).

Die kybernetische Revolution

Wie im Glossar der erneuerbaren Energien dargelegt, sind die Energien unseres Sonnensystems in Relation zur Menschheit de facto unvorstellbar groß. Wenn schon winzig kleine Neutronen die Explosion von Atombomben auslösen können, dann war es ein absurder Gedanke, dass der Menschheit je die Energie ausgehen könnte. Vielmehr wird der exponentiell wachsende technische Fortschritt zur Entdeckung immer neuer Energien führen, die wir uns heute noch gar nicht vorstellen können. Zweifellos wird die Menschheit auch immer wieder lernen diese zu nutzen, ohne die Erde zu zerstören.

Der Hauptfehler des 20. Jhdt. bestand im linearen Denken. Obwohl Norbert Wiener die Kybernetik schon sehr früh erfunden hatte, weigerten sich die Spezialisten (man ist geneigt sie Fachidioten zu nennen) fast bis zum Ende des Jahrhunderts, in kybernetischen Rückkopplungen und Kreisläufen zu denken. Alle selbsternannten Futurologen sonnten sich im Licht der Öffentlichkeit, indem sie Trends der Gegenwart linear in die Zukunft fortschrieben und damit die Medien und Konsumenten schockierten. Die linearen Trends verstand zwar jeder, da das lineare Denken damals vorherrschend war, nichts desto trotz war es immer und grundlegend falsch. Denn Erde und Natur arbeiten nicht linear sondern in Kreisläufen, die oft tausendfach verschachtelt sind. Alle Fehlentwicklungen des 20. Jhdt. entstanden durch Ausblenden der Wechselwirkungen, weil man von einzelnen Phänomenen begeistert war und glaubte, man könne mit einer Neuerung die Welt revolutionieren. So begeisterten sich die Kernphysiker für die Kernspaltung, forcierten die Atomenergie, verschwendeten aber keinen Gedanken daran, was Radioaktivität in der Natur anrichten kann. In der Zusammenschau von Physik und Biologie stellte sich die AKW-Industrie dann als sehr teure Sackgasse heraus.

In ähnlicher Weise revolutionierte die Ölindustrie das technologische Zeitalter und schien zunächst den Fortschritt zu garantieren. Niemand dachte an das, was jede Bäuerin weiß: dass es heiß wird, wenn man ständig heizt und am Ende die ganze Erde heiß werden könnte. Die Konsequenz aus diesen Fehlern darf nicht die Zensur des Fortschritts und das Verbieten neuer Technologien sein. Es braucht aber eine Überprüfung der kybernetischen Auswirkungen jeder Neuerung und deshalb muss jede Technik zunächst in Pilot-Studien erforscht werden, bevor sie global zugelassen wird.

In der Medizin ist dieses Verfahren längst Standard, nachdem im Contergan-Skandal die Gefahren eines zu schnellen Vorpreschens offensichtlich geworden sind und Menschen ohne Arme und Beine uns noch heute daran erinnern, wie gefährlich Fortschritt ohne Überprüfung für jeden von uns sein kann.

Wissenschaft bedarf der Überprüfung und der Möglichkeit der Falsifizierung. Dies gilt auch für Technologien. Wenn sie sich als gefährlich herausstellen, müssen sie modifiziert oder aufgegeben werden.

Dieser neue Technologie-Standard wird die Welt im 21. Jahrhundert um vieles sicherer machen.

Fazit: Kommt die schöne neue Welt?

Schöne neue Welt war der Titel eines Buches, in dem Aldous Huxley bereits 1932 vor den Gefahren eines unkontrollierten Fortschritts warnte. Besonders drastisch warnte er vor einer ungehemmten Gentechnik, die Menschen in Reagenzgläsern züchtet und uniformiert, die dann in einem Ameisen-Staat von Mächtigen gesteuert nur ganz bestimmte Tätigkeiten durchführen dürfen. Die Fruchtbarkeits-Industrie hat die Schwelle zu dieser Vision längst überschritten, die Züchtung von Embryos in künstlichen Gebärmüttern könnte bald Realität sein.

Nicht umsonst warnen viele Generalisten vor dieser Entwicklung und verlangen ein Moratorium, um die Auswirkung solcher Züchtungen zu überprüfen, bevor sie zugelassen werden und vielleicht zum MEGA-Contergan-Gau des 21. Jhdt. explodieren. Die schnelle Verwirklichung des biologisch Möglichen ohne Einbeziehung der intrauterinen Psychologie würde uns wahrscheinlich ein Millionenheer an gefühllosen Soziopathen bescheren, die den angestrebten sozialen Frieden gefährdeten.

Ohne Mutterliebe kann der Mensch nicht zu einem sozialen Wesen heranwachsen, das gilt auch und vor allem für die Zeit der Schwangerschaft, in der Freude und Liebe der Eltern den Fötus neun Monate lang auf die soziale Gemeinschaft vorbereiten, ihn nach der Geburt willkommen heißen und im ersten Lebensjahr zu einem so süßen Geschöpf erziehen, dass wir unsere Kinder einfach lieben und gar nicht anders können. Was geschieht, wenn dieser perinatale Lernvorgang scheitert, sehen wir an den Autisten, die die Kommunikation mit der Umwelt verweigern.

In einer Welt voller Autisten würde ich als Psychologe ungern leben wollen und kann dies auch niemandem empfehlen. Väter und Mütter von Autisten leisten Unglaubliches, aber es ist ein harter Job, diese Kinder ohne Schaden für alle Familienmitglieder großzuziehen.

Wer den Film „Future Baby“ von Maria Arlamovsky und die bedenkenlose Begeisterung sieht, mit der Ärzte darin von der Züchtung von Babys schwärmen, deren Eizellen aus Asien, deren Spermien aus Europa, deren Leihmütter aus Mexiko und deren Adoptiveltern aus den USA stammen, den packt das Grauen vor der Welt, die da im Entstehen ist und die Vision von Aldous Huxley noch übertrifft.

Das 20. Jhdt. hat die Physik verherrlicht, dabei die Biologie übersehen und ein ökologisches Desaster geschaffen.

Im 21. Jhdt. wird die Biologie es zweifellos schaffen, das Ökodesaster aufzuräumen und die Klimakatastrophe zu verhindern. Die Biologen sind aber dabei, die Psyche der Menschen zu ignorieren und laufen Gefahr, ein Homunkulus-Desaster zu erzeugen. Im schlimmsten Fall wird die Menschheit ein weiteres Jahrhundert damit verbringen, die Homunkulus-Monster wieder aus der Welt zu schaffen.

Diese Katastrophe sollten wir uns ersparen. Indem wir ausnahmsweise erst denken und dann erst handeln.

Aber da Menschen lernfähig sind, es langsam mehr Generalisten gibt und die weisen alten Menschen immer mehr werden, haben wir gute Chancen, im Jahr 2100 die schöne neue Welt zu erleben, die ich in obigen Kapiteln beschrieben habe.

Sicher ist es noch nicht, aber möglich.

Wenn viele Menschen die richtigen Informationen bekommen, ist es sogar wahrscheinlich.

Liebe Leser, lassen sie sich nicht von der Komplexität der Probleme entmutigen, sondern wirken sie mit am Aufbau der neuen Welt. Wenn jeder sich mit Verstand und Herz engagiert, wenn wir vor den vielen Problemen nicht kapitulieren, wenn wir immer neue Anläufe machen und neue Lösungen testen, bis wir damit zufrieden sind, dann…

… erwartet uns eine wunderbare Zukunft.

Glossar der erneuerbaren Energieformen

Methangärtnereien

Dung und Kot werden mit Plastikplanen überzogen, an deren Spitze das von Bakterien produzierte Methan abgesogen und in Motoren zu Strom und CO2 verbrannt wird. Das CO2 wird in Glashäuser gepumpt und von Gemüsepflanzen verbraucht. Abgestorbene Pflanzen kommen wieder auf die Dunghaufen und produzieren neues Methan.

Bojenturbinen

Wetterbojen auf den Ozeanen haben Schwungräder im Inneren die das Auf und Ab der Wellen in Drehbewegung umsetzen und damit Strom erzeugen

Wellenkraftwerke

Im Schelfgebiet verankerte Energieinseln bestehen aus hunderten Wasserrädern, welche die Wellenbewegung in Strom umsetzen

Strömungsankerturbinen

Im Golfstrom und auf allen ozeanischen Oberflächenströmungen treiben Energieinseln, von denen Wasserräder nach unten hängen und die Meeresströmung in Strom umwandeln.

Geysirkraftwerke

In vulkanischen Gebieten (Island, Yellowstone, Neapel, Hawaii) werden Löcher in die Erde gebohrt bis zur Tiefe des Siedepunktes von Wasser. Dort sammelt sich Grundwasser, verdampft und schießt nach oben, treibt damit Dampfturbinen an. Massenhaft angewandt kühlt diese Technik die Magmakammer ab und zögert Vulkanausbrüche hinaus.

Wärmetauscher Erde/Wasser/Luft

Jedem Medium kann Wärme entzogen werden, durch Rohrleitungen wird es im Boden gespeichert und bei Bedarf zum Heizen der Gebäude verwendet. In heißen Gegenden kühlen die Wärmetauscher die Gebäude und wärmen sie in den kalten Wüstennächten.

Erdbebenfänger

In Erdbebengebieten werden die häufigen Schwingungen der Häuser in elektrische Energie umgewandelt. Dazu werden vor allem die Schwingungsdämpfer verwendet, die das Einstürzen der Häuser verhindern. Die entstehende Wärme wird in den Mauern der Gebäude gespeichert.

Black Smoker Turbinen

Über den Mittelozeanischen Rücken werden an Bojen hängende Turbinen versenkt, die von der Aufwärme der Black Smoker angetrieben werden.

Magnetkraftwerke

In den Polargebieten werden die ein- u ausströmenden Magnetlinien in elektrische Energie umgewandelt.

Sonnensturmkraftwerke

Im All schwebende Sonnensegel fangen die Energie der Sonnenstürme ein und liefern damit Energie für Raumstationen und für den interplanetarischen Flug zu Mond u Mars.

Schifffahrt

Die Schiffe fahren in Zukunft nicht mit Schweröl, sondern mit Wind-, Wellen-, Atom- und Solarenergie.

Solarsegel

Große computergesteuerte Segel führen zur Wiederkehr der Segelschiffe. Das Segeltuch wird mit einer dünnen Solarzellenschicht überzogen, die das Sonnenlicht in Strom umwandelt.

Atomreaktoren

Damit fahren heute schon die großen U-Boote, lässt sich problemlos auch für Containerschiffe anwenden

Brecherturbinen

Bei stürmischer See fährt das Schiff mit Brecherturbinen. Am Bug der Schiffe angebracht, wandeln sie die Wucht der Brecher in Strom um.

Windräder

Sorgen nicht nur an Land für Strom, sondern auch auf Schiffen und Energieinseln.

Gezeitenkraftwerke

Nutzen an allen Ozeanküsten den starken Tidenhub. Bei Flut werden die Turbinen landeinwärts angetrieben, bei Ebbe seewärts.

Höhlenchemie:

Die Höhlensysteme der Erde sind von Organismen belebt, dort laufen viele chemische Prozesse ab, die an der Erdoberfläche unbekannt sind. Energiereiche aber giftige chemische Abläufe werden in die Höhlen verlegt, die Organische Chemie der Höhlenbewohner wird zur Stromgewinnung genutzt.

Flugzeuge:

...fliegen mit großen Batterien und Wasserstoffhybriden statt Kerosin. Elektrotauscher wandeln die atmosphärischen Ionen und Blitze in Strom um.

Raketen:

fliegen mit Photonen- und Protonenantrieb

Züge:

fahren mit Hyperloop-Magnetvakuumröhren

Quellen:

Die in diesem Buch zitierten Fakten stammen aus den untenstehenden Büchern und wurden durch Nennung des Autorennamens (Buchtitel in Klammer) gekennzeichnet, sodass man in der jeweiligen Originalliteratur weiterlesen kann. Viele stammen auch aus Zeitungsartikeln und Internet-Medien. Hierbei wurde auf detaillierte Quellenangaben verzichtet, um das Buch flüssiger lesbar zu machen. Jeder kann sich durch Googeln von den Fakten überzeugen, da die von mir zitierten Zeitungen (Zeitraum 1.1. bis 31.12 2017) die Artikel sowieso ins Netz stellen:

Der Spiegel

Die Zeit

Die Presse am Sonntag

Die Salzburger Nachrichten (SN)

Der Standard

MSN-Nachrichten

Themen, die in den Suchmaschinen nicht auftauchen, sind meine eigenen Ideen und Vorschläge, ohne Anspruch auf Allgemeingültigkeit. Sie sind als Anregung zum Weiterdenken gedacht.

Medienverzeichnis:

Arlamovsky, M: Future Baby. Geyrhalter Productions 2017
Bangert, K: Mohammed. Springer 2016
Becker, V.: Gottes geheime Gedanken. Norderstedt 2006
Boeri, S: A Vertical Forest. Corraini Edizioni 2016
Chardin, T.d.: Der Mensch im Kosmos. München 1969
Dahn, F.: Sind Götter? Amazon Media 2011
Dawkins, R: Geschichten vom Ursprung des Lebens. Ullstein 2008
Dawkins, R: Das egoistische Gen. Springer 2014
Dawkins, R: Der Gotteswahn. Ullstein 2016
Deschner, K.H.: Kriminalgeschichte des Christentums. Band I-VI. Hamburg 1986
Dewey, J: Demokratie und Erziehung. Beltz 2011
Edelbacher: Der korrupte Mensch. Goldegg 2012
Felber, Ch: Kooperation statt Konkurrenz. Deuticke 2017
Felber, Ch: Die Gemeinwohl- Ökonomie. Deuticke 2017
Fauvelle, F: Das goldene Rhinozeros. C.H.Beck 2017
Flasch, K.: Warum ich kein Christ bin. München 2013
Gebeshuber, I: Wo die Maschinen wachsen. Ecowin 2016
Green, B.: Der Stoff aus dem der Kosmos ist. Goldmann 2008
Fontbrune, J: Nostradamus: Historiker und Prophet. Zsolnay 1982
Hariri, Y: Eine kurze Geschichte der Menschheit. Pantheon 2015
Hariri, Y: Homo Deus. Beck 2017
Hartmann, G.: Daten der Kirchengeschichte. Wiesbaden 2007
Hawking, S.: Das Universum in der Nussschale. Hoffmann u Campe 2001
Ha Vin Tho: Grundrecht auf Glück. Nymphenburger 2014
Hoppal, M.: Schamanen und Schamanismus. Pattloch 1994
Horx, M.: Das Megatrend-Prinzip. Pantheon 2014
Hulspas, M: Mohammed. Theiss 2017
Huxley, A: Schöne neue Welt. Fischer 2014
Kaku, M.: Hyperspace. Berlin 1994
Klingholz R, Lutz W: Wer überlebt? Frankfurt 2016
Klöckner, J: Der kleine Minimalist. Ecowin 2018
Kotrschal, K: Einfach beste Freunde. Brandstätter 2014

Krugman, P: Vergesst die Krise! Campus 2012
Langbein, K: Landraub. Janson Media 2015
Lovelock, J: Gäas Rache. Ullstein 2008
Malthus, Th: The Priniciples of Population. London 1798
Meadows, D: Die Grenzen des Wachstums. DVA 1972
Nussbaumer, J; Neuner S: Hoffnungstropfen. Innsbruck 2018
Opelt, R: Die Kinder des Tantalus. Wien 2002
Opelt, R: Familienmuster: Wien 2009
Opelt, R: Tantalus´ Welt. Nationale Traumata. Amazon Media 2016
Opelt, R: Der Tag hat 48 Stunden. Amazon Media 2017
Opelt, R: Vier Wochen für Franz Ferdinand. Deutschland gewinnt den Krieg. Amazon 2017
Popper, K: Logik der Forschung. Mohr Siebeck 2005.
Randers, J: 2052. Der neue Bericht an den Club of Rome. Oekom Vlg. 2016
Ratzinger, J.: Eschatologie – Tod und ewiges Leben. Pustet 2016
Rhonheimer, M.: Homo sapiens. Die Krone der Schöpfung. Springer 2016
Ritter, M: Size matters, Ecowin 2017
Rosenthal, J: Als die Heiden Christen wurden. Wien 1992
Rovelli, C.: Die Wirklichkeit, die nicht so ist. Rowohlt 2015
Rüpke, J.: Pantheon. Geschichte der antiken Religionen. Beck 2016
Schroeder, R: Die Erfindung des Menschen. Residenz 2016
Seppelt-Löffler, F.: Papstgeschichte. München 1933
Smolin, L.: Im Universum der Zeit. Pantheon 2015
Soderbergh, S: Erin Brockovich. Sony Pictures 2002
Stern, A: Und ich war nie in der Schule. Herder 2013
Stieger, L: Freitätigkeit. New academic press 2017
Weisman, A: Die Welt ohne uns. Piper 2009
Weizsäcker, E: Wir sind dran. Club of Rome: Der große Bericht. Gütersloher Verlagsh. 2017
Welzer, H: Futurzwei. Zukunftsalmanach 2015/16. Fischer 2014
Welzer, H: Futurzwei. Zukunftsalmanach 2017/18. Fischer 2016
Wiener, N: Cybernetics. Marino Fine Books 2013
Wilson, E: Die Hälfte der Erde. C.H.Beck 2016
Wunn, I.: Götter – Gene – Genesis. Springer 2014
Yousafzai, M: Ich bin Malala. München 2013
Zimmermann, F: Nachhaltigkeit wofür? Springer 2016

Tantalus' Welt:

Warum gibt es Kriege? Gehört Gewalt zum Wesen des Menschen? Lässt sich seelisches Leid auf Krieg und Gewalt zurückführen?

Die Erfahrung extremer Gewalt prägt das Nationalbewusstsein. Gleich ob Siege oder Niederlagen, die stärksten kriegerischen Ereignisse ihrer Vergangenheit erklären, wie eine Nation beschaffen ist – optimistisch oder pessimistisch, defensiv oder offensiv. Für immer neue Anläufe zur Macht ist Krieg das probate Mittel. Die brutalsten Krieger sind die Helden jeder Nationalgeschichte.

Langsam dämmert uns, dass wir auf einem zu eng gewordenen Planeten uns Kriege nicht mehr leisten können. Doch immer noch hinterlassen Granaten und Gewehre üblen Nachhall in den Seelen der Menschen. Die Verleugnung des Schadens durch Männer, die Kriege wollen und nutzen, verankert Gewalt in den Seelen und führt zum tödlichen Kreislauf, der sich Generation für Generation wiederholt. Nationale Katastrophen wie der erste Weltkrieg, die russische Revolution oder der chinesische Bürgerkrieg traumatisieren ganze Nationen und schädigen ihre Strukturen. Dann liegen nationale Traumata vor, die nur in langen Friedenszeiten verarbeitet werden können.

Wenn also die Welt nicht in Krieg und Zerstörung untergehen soll, dann müssen wir die nationalen Traumata überwinden und den Kreislauf der Gewalt durch gute globale Strukturen ersetzen. Von solchen Lösungen handelt dieses Buch. Wir alle haben es in der Hand, ob die Apokalypse oder eine lebenswerte Welt unsere Zukunft sein wird.

Das Glück der Kinder:

Wer möchte nicht in einer glücklichen Familie leben? Viele betrachten die Familie als das Wichtigste im Leben. Von ihr wird erwartet, dass sie geprägt ist von liebevollem Umgang miteinander. Den heranwachsenden Kindern soll die Familie Schutz, Geborgenheit und Sicherheit bieten. Doch die Familie ist nicht ohne weiteres eine heile Welt. Das Miteinander muss gepflegt und Konflikte müssen gelöst werden. Die Erziehung der Kinder braucht Zeit, starke Nerven und Geduld. Um diesen Anforderungen gerecht zu werden, muss man wissen, worauf man achten soll und was glückliche Beziehungen in den Familien fördert.

Im Schatten des Kriegers:

Günter Kahowez wächst mit dem Bewusstsein auf, dass sein Vater als Held in Russland gefallen ist. Alles, was ihm vom Vater blieb, ist dessen Geige. Günter eifert dem Ideal des Vaters nach, wird Komponist und Professor an der Musikhochschule in Wien.

Mit 52 Jahren entdeckt er das vergessene Tagebuch, das sein Vater auf dem Feldzug in Polen und Russland schrieb. Plötzlich sieht er die Bilder, die sein Vater dort fotografierte, mit anderen Augen. Danach ist nichts mehr, wie es war.

Die Macht der schwarzen Magier:

Wie konnte es dazu kommen, dass das zwanzigste Jahrhundert eine Spur der Vernichtung um den ganzen Globus zog, der hunderte Millionen Menschen, tausende Tierarten und dutzende Ökosysteme zum Opfer fielen? Manche Opfer des kollektiven Terrors müssen ihr grausames Schicksal so erlebt haben, als hätte eine böse Macht ihre Hand im Spiel.

Nur einmal angenommen, der mittelalterliche Mensch hatte Recht und es gäbe dämonische Mächte, dann könnte sich die Geschichte des zwanzigsten Jahrhunderts so zugetragen haben, wie in diesem Buch beschrieben.

Der Tag hat 48 Stunden:

Dieses Buch zeigt ein revolutionäres Zeitkonzept, wie Sie aufhören zu hetzen und trotzdem alles unter einen Hut bringen.

Machen Sie alle Tätigkeiten, die geliebten und die notwendigen, nur halb so oft wie bisher! Machen Sie alles nur jeden 2. Tag! Weniger ist mehr!

Wenn Sie weniger arbeiten, essen, aufräumen, sporteln, streiten und reden, gewinnen Sie viele Stunden, die Sie für mehr Lebensqualität nutzen können.

Wenn Sie doppelt so viel Zeit haben, können Sie alles in Ruhe angehen und Ihre Nerven schonen.

In 48 Stunden geht sich alles aus, wenn wir alles, was wir tun müssen, sollen und wollen, nur jeden 2. Tag tun.

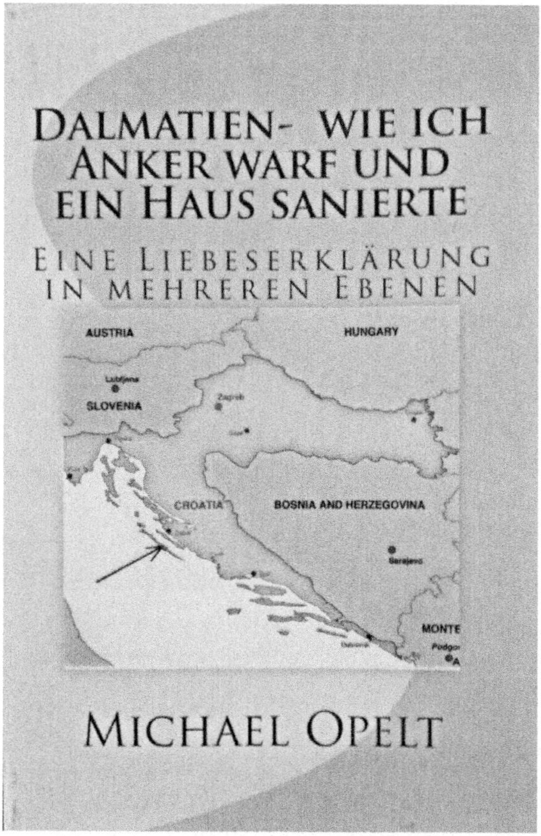

Dalmatien- wie ich Anker warf und ein Haus sanierte:

Eine Liebeserklärung in mehreren Ebenen.

Bootfahren in der östlichen Adria, Hauskauf und Sanierung auf einer mittelkroatischen Insel (Dugi Otok). Kurzweilig geschrieben mit vielen Fotos. Eine Hommage an die kroatische Inselwelt, ob mit dem Schiff befahren oder durch die Erfahrungen das Hausherrichtens. Auch die Geschichte der Kroaten (Illyrer) wird neu erzählt.

(GOTT)^{32}?

Was sagt ein String dazu?

(GOTT)^{32}

Thor's Kampf mit den Giganten. Marten Eskil Winge, 1872, Stockholm, Nationalmuseum

Bisher 4 Antworten zum großen Thema, schreiben Sie mit. Herausgegeben von Rüdiger & Michael Opelt

Vor 150 Jahren konnte man erstmals derlei Fragen stellen, ohne auf dem Scheiterhaufen oder in den Folterkellern der Inquisition zu landen. Nach der Aufklärung und der französischen Revolution explodierte die Kritik an den herrschenden Kirchen, die Europa 1000 Jahre lang ihr geistiges Korsett aufgezwungen hatten. Feuerbach begründete den Atheismus und Karl Marx sprach vom Opium für das Volk. Er gründete die erste atheistische Bewegung der Welt, die im realen Sozialismus zur Staatsreligion wurde.

Nur drei Religionen schließen alle anderen als Heiden von der Seligkeit aus, weil nur der eine und einzige Gott erlösen könne. Dieser absurde Gedanke konnte nur in Extremsituationen entstehen, die dreimal auftraten.

Neueste physikalische Erkenntnisse und die bewiesene Existenz anderer, wahrscheinlich mit Leben erfüllter Planeten, gedanklich sogar anderer Universen erweitern die Antwortbasis für die gestellte Frage. Schreiben auch Sie ein Kapitel!

Die Legionen des Varus:

Das römische Reich schlug viele erfolgreiche Schlachten. Auf der Höhe des Ruhms erlitt es ein Fiasko, das den Mythos der deutschen Nation begründen half. Die Legionen des Varus bestimmten das Schicksal Europas.

Dieses Buch besteht aus zwei Teilen.

Teil 1 entspricht der Fantasie des Autors und beschreibt den fiktiven Sieg des Varus. Welcher das Schicksal Europas gänzlich anders hätte bestimmen können.

Teil 2 entspricht dem in den Annalen beschriebenen Verlauf der Ereignisse nach Varus tatsächlicher Niederlage.

Vier Wochen für Franz Ferdinand

1917 war Deutschland dabei, den 1.Weltkrieg zu gewinnen, aber das wollten die USA um jeden Preis verhindern, traten in den Krieg ein, als dieser schon entschieden war. Denn sonst wäre Amerika nicht zur größten Supermacht der Welt aufgestiegen. Der vor Eintritt der USA absehbare Sieg der Deutschen hätte schon 1918 zu einer kontinentaleuropäischen Zollunion unter deutscher Führung geführt. Also zu dem, was wir heute unter Angela Merkel haben. Der ganze Wahnsinn der 100 Jahre dazwischen war unnötig und hat die Menschheit und den Planeten an den Rand des Untergangs geführt. Deutschland hätte 1918 Europa geeint und Hitler und Stalin wären nie an die Macht gekommen. 100 verlorene Jahre, die uns heute zittern lassen, ob wir die Erde noch retten können. Denn entgegen ihrer Propaganda haben die USA der Welt nicht die Demokratie gebracht, sondern Kapitalismus, Oligarchie und Umweltzerstörung. Wegwerfgesellschaft und Ölindustrie haben den Treibhauseffekt erzeugt und den Nahen Osten destabilisiert. All das wäre unter den vor 100 Jahren technologisch führenden Deutschen nicht passiert, denn deutsche Wissenschaftler erfanden so vieles, dass Öl- und Atomindustrie wohl nicht die umfassende umweltzerstörende Bedeutung erhalten hätten, wenn Deutschland sich in Ruhe hätte entwickeln können.

Wie dieses Buch zeigt, hätte es nur einer Kleinigkeit bedurft, um den Lauf des 20. Jhdt. zu ändern: Wenn der österreichische Thronfolger Franz Ferdinand vier Wochen später erschossen worden wäre, hätte er seinen unfähigen Generalstabschef entlassen und damit die russische Front früher stabilisiert. Dann wäre der Krieg 1917 längst aus gewesen und das 20. Jhdt. hätte einen friedlicheren und umweltfreundlicheren Verlauf genommen.

Lassen Sie sich überraschen von den historischen Wendungen, die möglich gewesen wären, wenn die Siegmächte England und USA das 20. Jhdt. nicht derart vermasselt hätten, dass unser Planet heute am Rande des Abgrunds steht.

Dr. Rüdiger Opelt, geboren 1953 in Linz,

Psychologe, Psychotherapeut,
Seminarleiter, Vortragender, Autor.

Der Autor erforschte 40 Jahre lang als Psychologe, was Menschen psychosomatisch krank und leidend macht. Er fand die Ursache unserer psychischen Probleme in den Fehlern der Vergangenheit, in Krieg, Gewalt, Leid und Einsamkeit. Diese These hat er in mehreren Büchern veröffentlicht (Die Kinder des Tantalus, Familienmuster, Tantalus´ Welt)

Seit 10 Jahren durchforstet er die Literatur der Sozial- u Naturwissenschaften, um herauszufinden, was in unserer globalen Gesellschaft schiefläuft. Er ist der Überzeugung, dass die Erfindungen der Spezialisten durch querdenkende Generalisten ergänzt werden müssen, um den globalen Menschheitstanker in die richtige Richtung zu lenken. In mehreren Büchern hat er nachgewiesen, dass die Vergangenheit bei Vorhandensein einer Generalisten-Wissenschaft ganz anders hätte laufen können (Die Legionen des Varus, Vier Wochen für Franz Ferdinand, Die Macht der schwarzen Magier)

In diesem Buch legt er seinen positiven Entwurf für das 21. Jhdt. vor.

Er ist Gründer des Instituts für Persönlichkeitsentwicklung und Familientherapie.

www.opelt.com r@opelt.com

Rüdiger Opelt lebt in Salzburg, ist seit 30 Jahren verheiratet und hat zwei erwachsene Kinder.

Rüdiger Opelt veröffentlichte bisher 19 Bücher, zwei wurden ins Englische übersetzt.

Printed by Amazon Italia Logistica S.r.l.
Torrazza Piemonte (TO), Italy

10059421R10105